3ds Max/VRay
室内外设计（铂金版）
材质与灯光速查手册

马建昌 刘正旭 编著

电子工业出版社

Publishing House of Electronics Industry

北京·BEIJING

内容简介

本书是业内渲染专家针对室内外效果图中的灯光材质制作规律，基于 3ds Max 及 VRay 渲染器，以速查手册的形式为三维设计师精心打造的一本案头必备工具书。书中分析了大量常用的 VRay 材质和各种灯光的制作方法和原理，并附上了详细的参数设置与制作步骤供读者参考学习。

本书配套资源中的源文件与书中描述的相对应，读者可以直接调用文件进行渲染，也可以针对书中的任何材质和灯光进行学习。

未经许可，不得以任何方式复制或抄袭本书之部分或全部内容。
版权所有，侵权必究。

图书在版编目（CIP）数据

3ds Max/VRay室内外设计材质与灯光速查手册：铂金版 / 马建昌，刘正旭编著. —北京：电子工业出版社，2021.7

ISBN 978-7-121-41117-5

Ⅰ. ①3… Ⅱ. ①马… ②刘… Ⅲ. ①建筑设计－计算机辅助设计－三维动画软件－手册 Ⅳ. ①TU201.4-62

中国版本图书馆CIP数据核字（2021）第081775号

责任编辑：张艳芳　　　　特约编辑：田学清
印　　刷：中国电影出版社印刷厂
装　　订：中国电影出版社印刷厂
出版发行：电子工业出版社
　　　　　北京市海淀区万寿路173信箱　　邮编：100036
开　　本：787×1092　1/16　　印张：22　　字数：629千字
版　　次：2021年7月第1版
印　　次：2021年7月第1次印刷
定　　价：118.00元

凡所购买电子工业出版社图书有缺损问题，请向购买书店调换。若书店售缺，请与本社发行部联系，联系及邮购电话：（010）88254888，88258888。

质量投诉请发邮件至 zlts@phei.com.cn，盗版侵权举报请发邮件至 dbqq@phei.com.cn。

本书咨询联系方式：（010）88254161~88254167转1897。

前言

效果图是建筑装潢行业必不可少的，无论是洽谈、竞标还是验收都会涉及它，所以制作效果图成了一个绝对热门的行业。仅从经济方面来讲，该行业的市场广阔、利润大、见效快，非常值得计算机爱好者、设计单位等个人或团体从事。而另一方面，随着市场的完善，该行业的竞争日趋激烈。没有人能够违背优胜劣汰的自然法则，所以只有不断更新技术，力求做得最好才会有更有利的生存空间。使读者掌握最新的技术、制作出更好的效果图是本书的宗旨。令人欣喜的是，随着 VRay 等高级渲染器的出现，3ds Max 能更加淋漓尽致地表现其强大的功能。3ds Max 结合这些渲染器插件制作的效果图已经很难分辨真伪。3ds Max 在建模、光线、材质、渲染等各方面的长足进步，促进了效果图行业的蓬勃发展。

本书将常见的 116 例材质的调整技巧和 50 例灯光的设置方法与便捷查找等特点集于一身，基于 3ds Max 2018 中文版和 VRay Adv 3.6 操作平台，综合其速查智能及编排合理等多方面特征，可以有效地帮助读者在材质制作方面快速提高，同时本书版面安排紧凑，便于携带及翻阅，更是一本极为实用的材质制作工具书。此外，本书语言精练、信息丰富、数据翔实，并且每个材质案例都有所拓展，从而使读者可以在深入理解调整原理的基础上，迅速达到举一反三、触类旁通的境界。

本书分为两部分：第一部分为常见材质的调整技巧，讲述了玻璃材质、布料材质、瓷器材质、CG 影视材质和建筑动画材质等多种材质的制作方法；第二部分为灯光的设置方法，讲述了室内外灯光的设置，以及各种天气情况下的灯光设置。

软件的进步促进了效果图质量的提高，但它们毕竟只是工具，只有人的能力的全面提高才能更好地提高效果图的质量。效果图是设计师思想的一种展现，所以效果图制作者不仅要懂建筑设计、装潢设计，还要具有一定的艺术修养和绘画的基本功。因此，效果图制作者除了要熟练掌握电脑操作技术，还要不断地学习最新的设计理念，不断地提高艺术欣赏力，不断地练习绘画的基本功，只有这样做才能不落人后。希望本书能够对读者在制作效率和渲染效果方面有所帮助。

本书由湖南大众传媒职业技术学院的马建昌和刘正旭老师编著。由于时间仓促，疏漏之处在所难免，敬请广大读者朋友批评指正。

目录

第一部分：材质部分

序号	难度系数	常用材质	扩展案例/材质文件	应用领域	
B 玻璃材质					
001	★★☆☆☆	平板玻璃材质	玻璃1 玻璃2	家具装饰	2
002	★★☆☆☆	磨砂玻璃材质	玻璃3	陈设品装饰	3
003	★★☆☆☆	花纹玻璃材质	玻璃4 玻璃5	陈设品装饰	4
004	★★★☆☆	玻璃马赛克材质	玻璃7	陈设品装饰	5
005	★★☆☆☆	乳白玻璃陶瓷材质	玻璃8	陈设品装饰	7
006	★★☆☆☆	绿色浴室玻璃材质	玻璃9	家具装饰	8
007	★★☆☆☆	磨砂花纹玻璃材质	玻璃10	家具装饰	9
B 布料材质					
008	★★★☆☆	纱网窗帘布材质	布料1	窗帘装饰	10
009	★★☆☆☆	毛毯材质	布料2	家具装饰	12
010	★★☆☆☆	麻布袋沙发材质	布料3	家具装饰	13
011	★★★☆☆	平绒布材质	布料8	家具装饰	14
012	★★☆☆☆	人造地毯材质	布料9	陈设品装饰	16
C 瓷器材质					
013	★★☆☆☆	洗浴台材质	瓷器1	陈设品装饰	17
014	★★★☆☆	瓷杯材质	瓷器2	陈设品装饰	18
015	★★☆☆☆	陶瓷装饰品材质	瓷器3	陈设品装饰	20
C CG影视材质					
016	★★☆☆☆	喷砂金材质	059	CG影视材质	21
017	★★☆☆☆	清澈玻璃材质	009	CG影视材质	23
018	★★☆☆☆	彩色水晶材质	无	CG影视材质	25
019	★★★☆☆	老化金属材质	无	CG影视材质	26
020	★★★★☆	HDRI场景	无	CG影视材质	28
021	★★★★☆	金属划痕	065	CG影视材质	31
022	★★★☆☆	半透明绿茶	无	CG影视材质	34
023	★★★☆☆	反光板材质	无	CG影视材质	36
024	★★★★☆	灯泡材质	001	CG影视材质	38
025	★★★★☆	飞镖盘金属材质	068	CG影视材质	41
026	★★★☆☆	翡翠龙材质	085	CG影视材质	44
027	★★★☆☆	皮肤材质	088	CG影视材质	46
028	★★☆☆☆	废旧汽车材质	075	CG影视材质	48
029	★★★☆☆	台灯材质	058	CG影视材质	50
030	★★★☆☆	酒瓶材质	无	CG影视材质	52

序号	难度系数	常用材质	扩展案例/材质文件	应用领域	
031	★★☆☆☆	墙面涂鸦	无	CG影视材质	54
032	★★★☆☆	雪景	048（灯光部分）	CG影视材质	56
033	★★★★☆	反光字幕	无	CG影视材质	59
034	★★★☆☆	日光灯楼板	无	CG影视材质	61

D 地面材质

序号	难度系数	常用材质	扩展案例/材质文件	应用领域	
035	★★☆☆☆	地面黑石材质	地面1	地面装饰	63
036	★★☆☆☆	石子地面材质	地面2	地面装饰	64
037	★★☆☆☆	苔藓地面材质	地面3	地面装饰	65
038	★★☆☆☆	瓷砖地面材质	地面4	地面装饰	66

G 光效材质

序号	难度系数	常用材质	扩展案例/材质文件	应用领域	
039	★★☆☆☆	灯箱材质	光效1	陈设品装饰	67
040	★★☆☆☆	X光材质	光效3	医疗设施	68

H 火材质

序号	难度系数	常用材质	扩展案例/材质文件	应用领域	
041	★★☆☆☆	炭火材质	火1	陈设品装饰	69
042	★★☆☆☆	火焰材质	火2	陈设品装饰	70
043	★★★★★	火柴材质	火3	陈设品装饰	71
044	★★★☆☆	燃气灶火焰材质	火4	陈设品装饰	76
045	★★★★☆	岩浆材质	火5	环境装饰	78

J 建筑动画材质

序号	难度系数	常用材质	扩展案例/材质文件	应用领域	
046	★★★☆☆	湖水荡漾	无	建筑动画	81
047	★★★☆☆	森林	无	建筑动画	83
048	★★★☆☆	十字面片植物	无	建筑动画	85
049	★★☆☆☆	大楼增长	无	建筑动画	88
050	★★☆☆☆	彩灯材质	无	建筑动画	90
051	★★★★☆	粒子喷泉	无	建筑动画	92
052	★★★☆☆	喷泉	无	建筑动画	94
053	★★★☆☆	夜晚水面	无	建筑动画	96
054	★★★☆☆	白天水面	无	建筑动画	98
055	★★★☆☆	镂空贴图人物	无	建筑动画	100
056	★★★★☆	大海沙滩	无	建筑动画	102
057	★★★☆☆	船舶水面拖尾	无	建筑动画	104

序号	难度系数	常用材质	扩展案例/材质文件	应用领域	
J		**J 金属材质**			
058	★★☆☆☆	不锈钢材质	金属1	陈设品装饰	105
059	★★☆☆☆	黄金材质	金属2	陈设品装饰	106
060	★★☆☆☆	铝合金材质	金属3	陈设品装饰	107
061	★★☆☆☆	白银材质	金属4	陈设品装饰	108
062	★★☆☆☆	磨砂金属材质	金属5	陈设品装饰	109
063	★★☆☆☆	锈痕金属材质	金属6	陈设品装饰	110
064	★★☆☆☆	镂空金属网材质	金属8	陈设品装饰	111
065	★★☆☆☆	铸铁拉丝材质	金属9	陈设品装饰	112
066	★★☆☆☆	钛金属材质	金属11	陈设品装饰	113
067	★★☆☆☆	亮度铬材质	金属12	陈设品装饰	114
068	★★☆☆☆	拉丝螺母材质	金属13	陈设品装饰	115
069	★★★☆☆	漏勺网材质	金属14~金属16	陈设品装饰	116
070	★★☆☆☆	白锡纸材质	金属17	陈设品装饰	118
K		**K 卡通材质**			
071	★★★☆☆	3ds Max卡通材质	卡通1	陈设品装饰	119
K		**K 矿石材质**			
072	★★☆☆☆	钻石材质	矿石1	陈设品装饰	121
073	★★☆☆☆	杂质金矿材质	矿石2	环境装饰	122
074	★★★☆☆	绿松石材质	矿石3	陈设品装饰	123
075	★★★★☆	杂花玉石材质	矿石5	陈设品装饰	125
076	★★★★☆	云母颗粒材质	矿石6	陈设品装饰	128
077	★★☆☆☆	白水晶材质	矿石8	陈设品装饰	131
078	★★★☆☆	夜明珠材质	矿石9	陈设品装饰	132
079	★★☆☆☆	碎石材质	矿石10	陈设品装饰	134
080	★★★★★	火山矿石材质	矿石11	环境装饰	135
081	★★☆☆☆	大理石材质	矿石12	家具装饰	141
M		**M 木料材质**			
082	★★★☆☆	亚光木地板材质	木料1	地面装饰	142
083	★★☆☆☆	凹凸纹理木材材质	木料2	家具装饰	144
084	★★★☆☆	红木材质	木料3	家具装饰	145

	序号	难度系数	常用材质	扩展案例/材质文件	应用领域	
P	**P 皮革材质**					
	085	★★★☆☆	鳄鱼皮材质	皮革1	陈设品装饰	147
	086	★★☆☆☆	蛇皮材质	皮革2	陈设品装饰	149
	087	★★☆☆☆	人造皮革沙发材质	皮革4	家具装饰	150
	088	★★☆☆☆	牛皮靠椅材质	皮革5	家具装饰	151
Q	**Q 墙面材质**					
	089	★★★☆☆	马赛克材质	墙面1	陈设品装饰	152
	090	★★★☆☆	文化石材质	墙面2	墙面装饰	154
	091	★★★☆☆	腐蚀墙面材质	墙面3	墙面装饰	156
	092	★★☆☆☆	混凝土水泥砖材质	墙面4	墙面装饰	158
R	**R 容器材质**					
	093	★★★☆☆	汽水瓶材质	容器1	陈设品装饰	159
	094	★★★★☆	矿泉水瓶材质	容器2 容器3	陈设品装饰	161
S	**S 食物材质**					
	095	★★★☆☆	牛奶材质	食物1	陈设品装饰	164
	096	★★★☆☆	鸡蛋壳材质	食物2	陈设品装饰	166
	097	★★★★☆	饼干材质	食物3	陈设品装饰	168
	098	★★★★☆	面包材质	食物4	陈设品装饰	174
	099	★★★☆☆	冰激凌材质	食物5	陈设品装饰	174
S	**S 水果材质**					
	100	★★★★☆	草莓材质	水果1	陈设品装饰	176
	101	★★★☆☆	西瓜材质	水果3	陈设品装饰	179
	102	★★★☆☆	苹果材质	水果4	陈设品装饰	181
	103	★★★☆☆	樱桃材质	水果5	陈设品装饰	183
S	**S 塑料材质**					
	104	★★☆☆☆	透明白塑料材质	塑料1	陈设品装饰	185
	105	★★★☆☆	塑料泡沫材质	塑料2	陈设品装饰	186
T	**T 藤条材质**					
	106	★★☆☆☆	藤编座椅材质	藤条1	家具装饰	188

	序号	难度系数	常用材质	扩展案例/材质文件	应用领域	
Y	Y 液体材质					
	107	★★☆☆☆	红酒材质	液体1	陈设品装饰	189
	108	★★☆☆☆	柠檬汁材质	液体2	陈设品装饰	190
	109	★★★☆☆	啤酒材质	液体4	陈设品装饰	191
	110	★★☆☆☆	咖啡材质	液体5	陈设品装饰	193
Y	Y 油漆材质					
	111	★★★☆☆	汽车金属漆材质	油漆1	陈设品装饰	194
	112	★★★☆☆	水曲柳表面漆材质	油漆2	家具装饰	196
	113	★★☆☆☆	乳胶漆材质	油漆3	家具装饰	198
Z	Z 植物材质					
	114	★★☆☆☆	镂空花草材质	植物1	陈设品装饰	199
	115	★★★★★	仙人棒材质	植物2	陈设品装饰	200
	116	★★★★☆	盆栽材质	植物3	陈设品装饰	206

第二部分：灯光部分

序号	难度系数	常用灯光	扩展案例/灯光文件	应用领域	
C 厨卫及混合灯光					
001	★★★☆☆	镜前灯光	酒店洗手间照明 012	室内灯光	211
002	★★★☆☆	玻璃后透光	018	室内灯光	213
003	★★★☆☆	浴霸灯光	037	室内灯光	215
004	★★★☆☆	蜡烛灯光	031	室内灯光	217
005	★★★☆☆	窗外透光	傍晚卧室照明	室外灯光	219
006	★★★☆☆	纱布窗帘透光	温馨客厅照明	室外灯光	221
007	★★★☆☆	百叶窗透光	006	室外灯光	223
008	★★★☆☆	体积光	050	室外灯光	225
009	★★★★☆	浴室混合照明	012	室内灯光	227
010	★★★★☆	温馨浴室照明	031	室内灯光	230
K 客厅灯光					
011	★★★☆☆	吊灯	033	室内灯光	233
012	★★★☆☆	筒灯	酒店洗手间照明	室内灯光	235
013	★★★☆☆	灯槽	042 中式客厅照明	室内灯光	237
014	★★★☆☆	射灯	009	室内灯光	239
015	★★★☆☆	壁灯	035	室内灯光	241
016	★★★☆☆	地灯	032 034	室内灯光	243
017	★★★☆☆	装饰灯	020 温馨客厅照明	室内灯光	245
018	★★★☆☆	电视屏幕光	041	室内灯光	247
019	★★★☆☆	合灯	合灯	室内灯光	249
020	★★★★★	通透照明	036 019	室内灯光	251
021	★★★★★	客厅照明	夜晚客厅照明	室内灯光	256
S 室外灯光					
022	★★★☆☆	室外人工天光	040	室外灯光	260
023	★★★★☆	楼宇照明	017	室外灯光	262
024	★★★★☆	鸟瞰照明	026	室外灯光	266
025	★★★☆☆	别墅照明	022	室外灯光	270
026	★★★★☆	夜景别墅照明	夜晚餐厅照明	室外灯光	272
027	★★★☆☆	VRay阳光照明	029	室外灯光	275

序号	难度系数	常用灯光	扩展案例/灯光文件	应用领域	
028	★★★☆☆	休息室照明	021	室外灯光	277
029	★★★☆☆	模拟天光照明	027	室外灯光	279
030	★★★☆☆	晴朗照明	欧式客厅照明	室外灯光	281

W 卧室灯光

序号	难度系数	常用灯光	扩展案例/灯光文件	应用领域	
031	★★★☆☆	柔光灯	021	室内灯光	283
032	★★★☆☆	自发光灯罩	夜晚卧室照明	室内灯光	285
033	★★★☆☆	花灯	017	室内灯光	287
034	★★★☆☆	床头灯	036	室内灯光	289
035	★★★☆☆	床头背景光	冷暖调和的客厅照明	室内灯光	291
036	★★★☆☆	灯管照明	时尚餐厅照明	室内灯光	293
037	★★★★☆	卧室整体照明	时尚客厅照明	室内灯光	295
038	★★★☆☆	欧式卧室照明	时尚洗手间照明	室内灯光	299
039	★★★☆☆	卧室装饰灯	035	室内灯光	301
040	★★★☆☆	清晨卧室	傍晚卧室照明	室内灯光	303
041	★★★★☆	温馨卧室照明	温馨客厅照明 021	室内灯光	305
042	★★★★☆	暖色卧室照明	欧式客厅照明	室内灯光	308
043	★★★★☆	明亮卧室照明	欧式餐厅照明	室内灯光	311

Z 自然天光

序号	难度系数	常用灯光	扩展案例/灯光文件	应用领域	
044	★★★★☆	清晨照明	040	室外灯光	314
045	★★★☆☆	夕阳照明	029	室外灯光	317
046	★★★☆☆	中午照明	030	室外灯光	319
047	★★★☆☆	阴天照明	025 时尚洗手间照明	室外灯光	321
048	★★★☆☆	下雨天照明	049	室外灯光	323
049	★★★★☆	夜晚照明	023 024	室外灯光	325
050	★★★☆☆	日出照明	卧室照明 022	室外灯光	328

附录A ... 330

第一部分

材质部分

玻璃材质——001~007

不同种类的玻璃的实际功效会由以往的外在单一功能性逐步向内敛装饰性转化。即便如此，无论形式如何多样的玻璃材质，其制作要点始终不可脱离折射参数的相关设置。同时，在此基础上还应综合光影的变化才能渲染出酷似真实的玻璃材质。

001 平板玻璃材质

应用领域：家具装饰

技术要点：
利用折射颜色控制玻璃的透明度；通过设置反射参数和光泽度来表现玻璃的高光效果

思路分析：
设置漫反射和反射参数+设置折射参数

难度系数： ★★☆☆☆

 材质文件\B\001

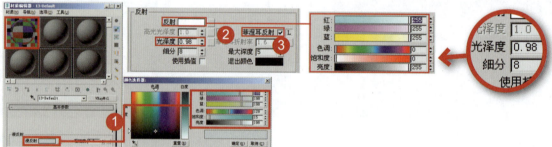

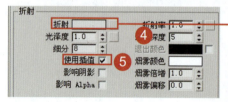

1：设置漫反射颜色
2：设置反射颜色和反射参数
3：勾选"菲涅耳反射"复选框
4：设置折射颜色
5：勾选"使用插值"复选框

扩展案例\玻璃1

扩展案例\玻璃2

分析点评：
本例使用VRay材质制作平板玻璃材质，其重点是设置反射效果和折射效果。折射效果用于表现玻璃的透明度，可以通过调节折射参数的大小来改变玻璃的透明度。

002 磨砂玻璃材质

应用领域：陈设品装饰

技术要点：
利用折射颜色控制玻璃的透明度；通过设置折射光泽度来表现玻璃表面的磨砂效果

思路分析：
设置漫反射和反射参数+设置折射参数

难度系数： ★★☆☆☆

材质文件\B\002

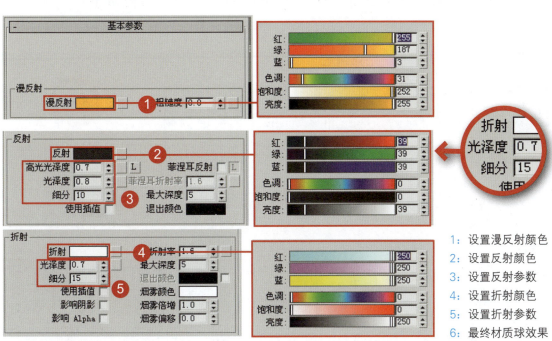

1：设置漫反射颜色
2：设置反射颜色
3：设置反射参数
4：设置折射颜色
5：设置折射参数
6：最终材质球效果

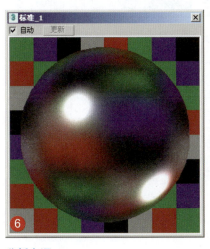

扩展案例\玻璃3

分析点评：

本例使用VRay材质制作磨砂玻璃材质。该材质与平板玻璃材质的设置基本相同，只是平板玻璃材质用于表示完全透明效果，磨砂玻璃材质用于表示磨砂效果。可以通过调节光泽度来表现磨砂效果。

B 玻璃材质

003 花纹玻璃材质

应用领域：陈设品装饰

技术要点：
通过在反射通道添加衰减贴图来表现高光；利用折射颜色控制透明度；通过在凹凸通道添加噪波贴图来表现花纹质感

思路分析：
设置漫反射和反射参数＋设置折射参数＋设置花纹质感

难度系数：★★☆☆☆

材质文件\B\003

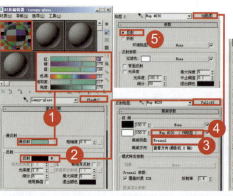

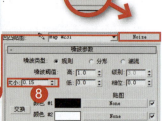
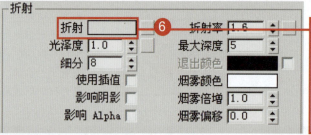
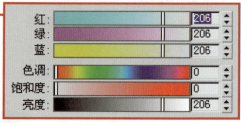

扩展案例\玻璃4

扩展案例\玻璃5

1：设置漫反射颜色
2：在反射通道添加衰减贴图
3：设置衰减类型
4：在衰减贴图的侧通道添加VR贴图
5：设置VR贴图的衰减类型
6：设置折射颜色
7：在凹凸通道添加噪波贴图
8：设置噪波大小
9：设置凹凸通道的贴图强度

分析点评：
本例使用VRay材质制作花纹玻璃材质。该材质既表现了玻璃效果，也表现了花纹质感。使用这种材质可以制作出各式各样的花纹玻璃效果，不同的是凹凸贴图的表现情况。也可以在凹凸通道添加一张位图来表现花纹质感。

004 玻璃马赛克材质

应用领域：陈设品装饰

技术要点：
通过在漫反射通道、反射通道、折射通道、折射率通道及凹凸通道添加平铺贴图来表现玻璃马赛克材质质感

思路分析：
设置漫反射和反射效果+设置透明质感+设置凹凸质感

难度系数： ★★★☆☆

材质文件\B\004

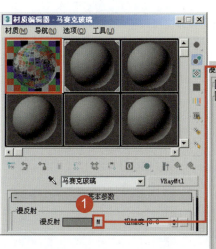
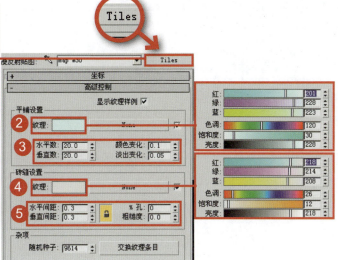

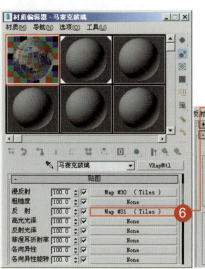
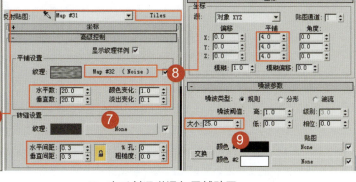

1：在漫反射通道添加平铺贴图
2：在"平铺设置"选项组中设置纹理颜色
3：在"平铺设置"选项组中设置纹理参数
4：在"砖缝设置"选项组中设置纹理颜色
5：在"砖缝设置"选项组中设置纹理参数
6：在反射通道添加平铺贴图
7：设置平铺贴图的纹理参数
8：在"平铺设置"选项组中为纹理通道添加噪波贴图
9：设置噪波大小

B 玻璃材质

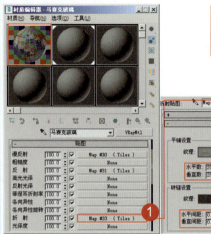
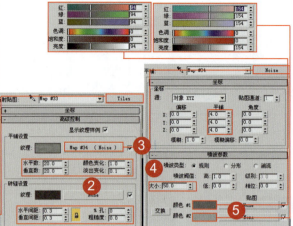
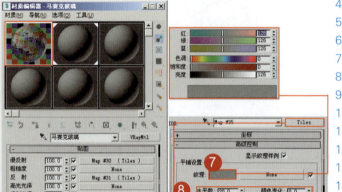

1：在折射通道添加平铺贴图
2：设置平铺贴图的纹理参数
3：在"平铺设置"选项组中为纹理通道添加噪波贴图
4：设置噪波参数
5：设置交换颜色
6：在折射率通道添加平铺贴图
7：在"平铺设置"选项组中设置纹理颜色
8：在"平铺设置"选项组中设置纹理参数
9：在"砖缝设置"选项组中设置纹理参数
10：在凹凸通道添加平铺贴图
11：设置平铺贴图的纹理参数
12：在纹理通道添加噪波贴图
13：设置噪波大小
14：设置凹凸通道的贴图强度

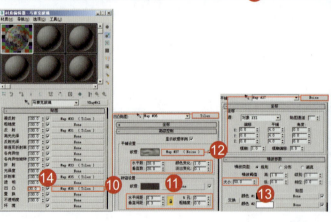

扩展案例\玻璃7

分析点评：
本例使用VRay材质结合平铺贴图制作玻璃马赛克材质。该材质是马赛克材质的一个延伸和拓展，重点是将马赛克材质的主材质替换为玻璃材质。该材质设置的关键是掌握平铺贴图的用法及给材质添加透明质感的方法。换句话说，该材质就是玻璃材质和马赛克材质的结合。

005 乳白玻璃陶瓷材质

应用领域：陈设品装饰

技术要点：
通过在环境通道添加输出贴图来表现材质的反射效果；通过设置折射颜色和光泽度来表现材质的半透明性质

思路分析：
设置漫反射和反射参数+设置玻璃材质的半透明质感

难度系数： ★★☆☆☆

材质文件\B\005

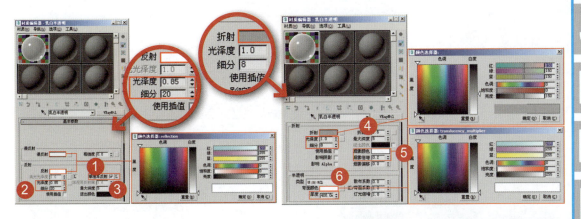

1：设置漫反射和反射颜色
2：设置反射参数
3：勾选"菲涅耳反射"复选框
4：设置折射颜色和折射参数
5：设置烟雾颜色和烟雾倍增
6：设置背面颜色和厚度
7：在环境通道添加输出贴图
8：设置输出贴图的值

分析点评：
本例使用VRay材质制作乳白玻璃陶瓷材质。该材质具有玻璃材质的基本特性，不同的是颜色为乳白色；为了设置半透明的特征，将折射程度降低，同时降低光泽度，这样表现出来的效果具有磨砂质感。

B 玻璃材质

006 绿色浴室玻璃材质

应用领域：家具装饰

技术要点：
通过在反射通道添加衰减贴图来表现玻璃的反射效果；通过设置折射参数来表现玻璃的透明质感；通过在凹凸通道添加噪波贴图来表现玻璃的凹凸纹理质感

思路分析：
设置反射和折射参数+设置玻璃材质的凹凸纹理质感

难度系数： ★★☆☆☆

 材质文件\B\006

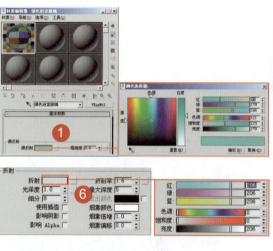

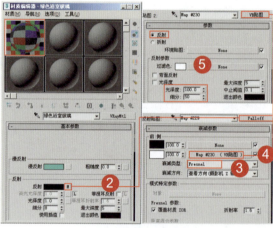

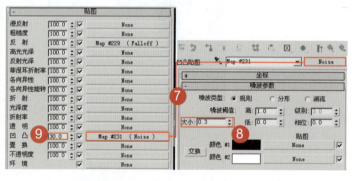

扩展案例玻璃9

1：设置漫反射颜色
2：在反射通道添加衰减贴图
3：设置衰减类型
4：在衰减贴图的侧通道添加VR贴图
5：设置VR贴图的类型和参数
6：设置折射颜色
7：在凹凸通道添加噪波贴图
8：设置噪波大小
9：设置凹凸通道的贴图强度

分析点评：
本例使用VRay材质制作绿色浴室玻璃材质。该材质的设置方式是在玻璃材质的基础上添加凹凸效果，从而表现浴室玻璃的凹凸纹理质感。

007 磨砂花纹玻璃材质

应用领域：家具装饰

技术要点：
使用混合材质，在材质1和材质2中完成磨砂玻璃的制作，在遮罩通道为磨砂玻璃添加贴图

思路分析：
设置磨砂玻璃效果+设置花纹效果

难度系数： ★★☆☆☆

材质文件\B\007

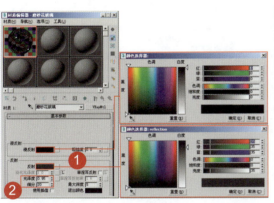

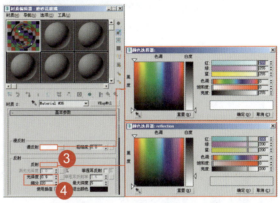

1：设置材质样式为混合材质，**设置材质1参数**，设置漫反射和反射颜色
2：设置反射参数
3：**设置材质2参数**，设置漫反射和反射颜色
4：设置反射参数
5：设置折射颜色
6：设置折射参数
7：在遮罩通道添加贴图

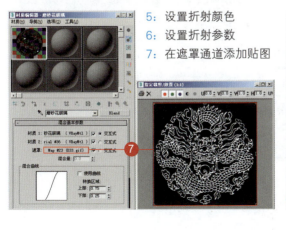

分析点评：
本例使用混合材质制作磨砂花纹玻璃材质，在玻璃材质的基础上调节光泽度制作出磨砂效果，再在遮罩通道添加贴图来表现磨砂花纹玻璃材质。

布料材质——008~012

无论布料材质表面的纹理图案如何丰富，其本质都是低反射材质，其中绒布、毛巾布料更为明显。因此，此类材质的制作核心是把握衰减变化与反射效果的结合，同时叠加"凹凸"、"置换"或"不同明度"等通道的变化效果，进而模拟出不同的质感。

008 纱网窗帘布材质

应用领域：窗帘装饰

技术要点：
通过在漫反射通道添加贴图来模拟地毯材质的表面效果，通过在凹凸通道和置换通道添加贴图来表现地毯材质表面的纹理质感

思路分析：
设置漫反射参数+设置凹凸质感

难度系数： ★★★☆☆

材质文件\BB\008

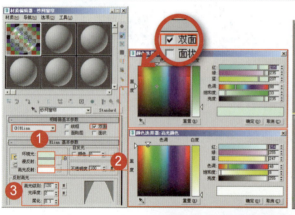

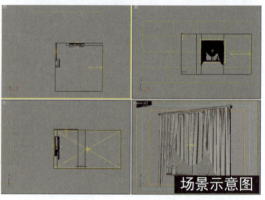

1：设置明暗器类型并勾选"双面"复选框
2：设置环境光、漫反射和高光反射颜色
3：设置反射高光参数
4：在高光级别通道添加混合贴图
5：在混合贴图的颜色1通道添加贴图
6：设置位图参数
7：设置高光级别通道的贴图强度

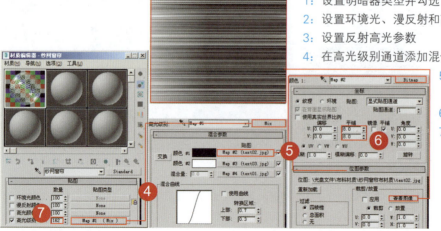

010

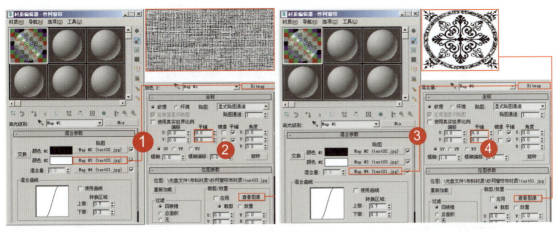

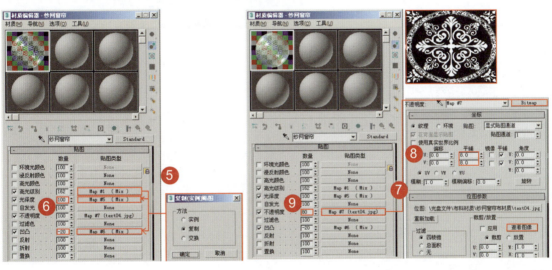

1：在混合贴图的颜色2通道添加贴图
2：设置位图参数
3：在混合贴图的遮罩通道添加贴图
4：设置位图参数
5：将高光级别通道贴图复制到光泽度通道和凹凸通道中
6：返回材质层的最上层，设置光泽度通道和凹凸通道的贴图强度
7：在不透明度通道添加贴图
8：设置位图参数
9：设置不透明度通道的贴图强度

分析点评：
本例使用标准材质制作纱网窗帘布材质。通过本例的学习，读者可以对材质折射参数的相关设置更为明确，同时进一步理解混合贴图的调整技巧，以便能够更为真实地模拟出不同透明形式的纱网窗帘布材质。

B 布料材质

009 毛毯材质

应用领域：家具装饰

技术要点：
通过在凹凸通道添加噪波贴图来表现毛毯材质的表面纹理质感

思路分析：
设置漫反射通道贴图+设置凹凸质感

难度系数： ★★☆☆☆

材质文件\BB\009

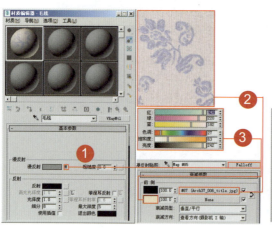

1：在漫反射通道添加衰减贴图
2：在衰减贴图的前通道添加贴图
3：修改衰减贴图侧通道的颜色
4：在凹凸通道添加噪波贴图
5：设置噪波贴图参数
6：设置凹凸通道的贴图强度

分析点评：
本例使用VRay材质制作毛毯材质。毛毯材质的制作方法非常简单，通过在漫反射通道添加衰减贴图来模拟毛毯材质的表面效果，并通过在凹凸通道添加噪波贴图来模拟毛毯材质的纹理效果，这种简单的制作方法便于读者掌握。

010 麻布袋沙发材质

应用领域：家具装饰

技术要点：
通过在反射光泽通道和凹凸通道添加贴图来表现麻布袋材质的特殊效果

思路分析：
设置漫反射通道贴图+制作特殊效果

难度系数： ★★☆☆☆

材质文件\BB\010

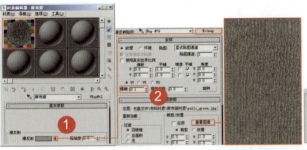

扩展案例\布料3

1：在漫反射通道添加贴图
2：设置位图参数
3：设置反射颜色
4：设置反射参数
5：勾选"菲涅耳反射"复选框
6：在反射光泽通道和凹凸通道添加相同的贴图
7：设置位图参数
8：设置反射光泽通道和凹凸通道的贴图强度

分析点评：
本例使用VRay材质制作麻布袋沙发材质。通过对麻布袋沙发材质的制作，读者应该熟知在反射光泽通道和凹凸通道贴图的阴影原理，以便能够绘制一系列（如靠枕、床单等）麻布袋材质。

B 布料材质

011 平绒布材质

应用领域：家具装饰

技术要点：
利用虫漆材质和VRay灯光材质制作平绒布材质

思路分析：
设置虫漆材质+设置VRay灯光

难度系数： ★★★☆☆

材质文件\BB\011

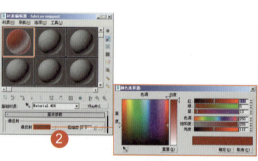

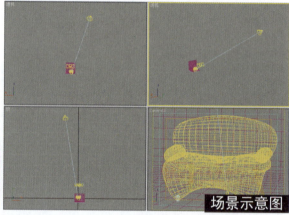

场景示意图

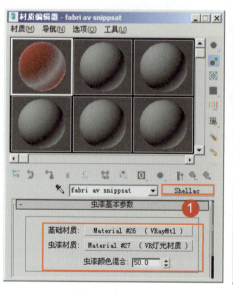

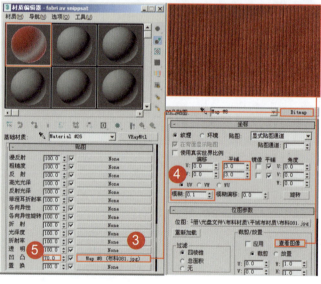

1：虫漆材质的组成部分
2：设置漫反射颜色
3：在凹凸通道添加贴图
4：设置位图参数
5：设置凹凸通道的贴图强度

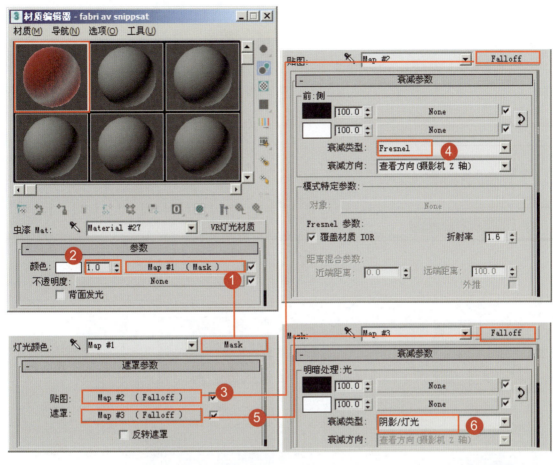

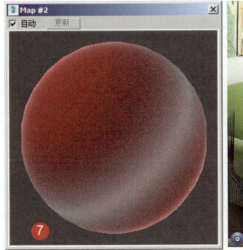

1：在VR灯光材质的颜色通道添加遮罩贴图
2：设置贴图强度
3：在遮罩贴图的贴图通道添加衰减贴图
4：设置衰减类型
5：在遮罩贴图的遮罩通道添加衰减贴图
6：设置衰减类型
7：最终材质球效果

分析点评：

本例使用虫漆材质和VRay灯光制作平绒布材质。在该材质的调整过程中反复使用的衰减贴图是其中的重点参数选项，由于将该材质贴图设置在不同的通道中，并且分别设置了其衰减类型，因此才能渲染出包含柔光效果的平绒布材质。

012 人造地毯材质

应用领域：陈设品装饰

技术要点：
通过在漫反射通道添加贴图来模拟地毯材质的表面效果，通过在凹凸通道和置换通道添加贴图来表现地毯材质表面的纹理质感

思路分析：
设置漫反射参数+设置凹凸质感

难度系数： ★★☆☆☆

材质文件\BB\012

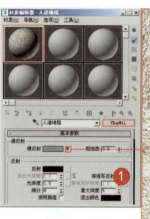

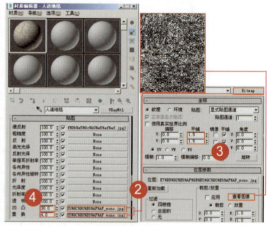

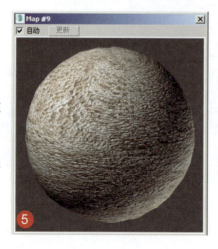

扩展案例\布料9

1：在漫反射通道添加贴图
2：在凹凸通道和置换通道添加贴图
3：设置位图参数
4：设置凹凸通道和置换通道的贴图强度
5：最终材质球效果

分析点评：
本例使用VRay材质制作人造地毯材质。人造地毯具有极其微弱的反射效果，其制作方法相对简单，即通过将位图贴图叠加到相应通道中来形成材质的凹凸效果。

瓷器材质——013~015

瓷器材质大多数是由耐火的金属氧化物及半金属氧化物（如粘土、石英沙等）经过研磨、混合、压制、施釉、烧制而成的一种耐酸碱的瓷质，常见于石质的建筑材料或装饰材料，在国内的室内装饰市场上已盛行多年。

013 洗浴台材质

应用领域：陈设品装饰

技术要点：
通过在反射通道添加衰减贴图及设置各向异性参数来表现陶瓷高光和反射效果

思路分析：
设置漫反射和反射效果+设置各向异性效果

难度系数： ★★☆☆☆   材质文件\C\013

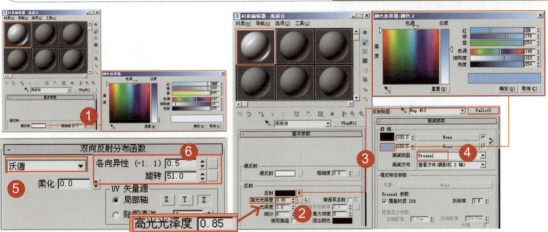

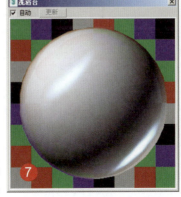

1：设置漫反射颜色
2：设置反射参数
3：在反射通道添加衰减贴图
4：设置衰减颜色和衰减类型
5：设置高光类型
6：设置各向异性参数和角度
7：最终材质球效果

分析点评：
本例使用VRay材质制作洗浴台材质。洗浴台陶瓷表面具有高亮度的光泽，同时具有较强烈的反射效果。为了制作一个标准的陶瓷质感，可以通过在反射通道中添加衰减贴图来表现材质的反射效果，这种添加了衰减贴图的洗浴台材质比较接近现实世界，在灯光的照射下会产生漂亮的光泽质感。

014 瓷杯材质

应用领域：陈设品装饰

技术要点：
使用混合材质，在反射通道添加衰减贴图制作出杯子内部和外部材质

思路分析：
设置材质1材质+设置材质2材质+设置遮罩材质

难度系数： ★★★☆☆

 材质文件\C\014

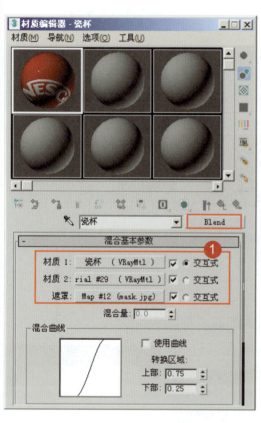

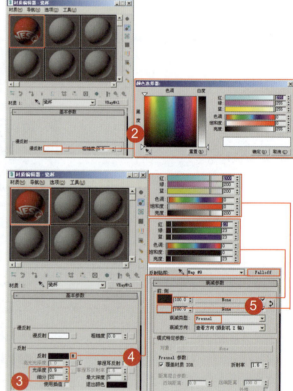

1：设置贴图类型为混合贴图
2：设置漫反射颜色
3：设置反射参数
4：在反射通道添加衰减贴图
5：设置衰减颜色和衰减类型

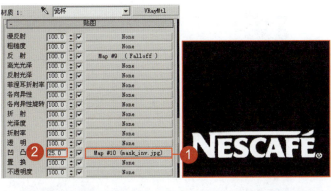
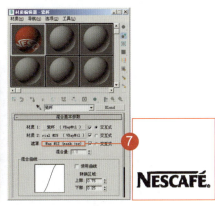
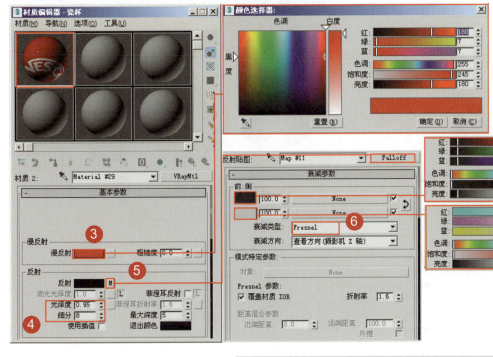

1：在凹凸通道添加贴图
2：设置凹凸通道的贴图强度
3：设置漫反射颜色
4：设置反射参数
5：在反射通道添加衰减贴图
6：设置衰减颜色和衰减类型
7：设置遮罩贴图

分析点评：
本例使用混合材质制作瓷杯材质。瓷杯材质是双面的，在制作时，我们使用材质1制作杯子内部的材质，使用材质2制作杯子外部高光、反射都相对比较明显的材质，使用遮罩材质制作杯子的标签部分。

015 陶瓷装饰品材质

应用领域：陈设品装饰

技术要点：
通过在反射通道添加衰减贴图及设置各向异性参数来制作带图案的陶瓷

思路分析：
设置反射效果+设置各向异性效果+图案

难度系数： ★★☆☆☆

材质文件\C\015

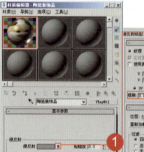

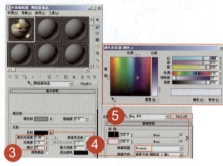

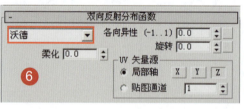

1：在漫反射通道添加贴图
2：设置位图参数
3：设置反射参数
4：在反射通道添加衰减贴图
5：设置衰减颜色和衰减类型
6：设置高光类型
7：最终材质球效果
8：最终渲染效果

扩展案例\瓷器3

分析点评：
本例使用VRay材质制作陶瓷装饰品材质，在陶瓷的基础上，为装饰品添加图案并将图案制作出陶瓷般的感觉。

CG影视材质——016~034

CG（Computer Graphics）是一种使用数学算法将二维或三维图形转化为计算机显示器的栅格形式的科学，全称为计算机图形学。本章主要介绍CG影视制作中会用到的一些材质，包括反光字幕、HDRI场景、废旧汽车、台灯、墙壁涂鸦、雪景等常见的影视材质。

016 喷砂金材质

应用领域：CG影视材质

技术要点：
使用3ds Max自带的标准材质、衰减贴图及VR_贴图来制作喷砂金材质

思路分析：
标准材质+衰减贴图+VR_贴图+参数设置

难度系数：★★☆☆☆　　材质文件\CC\016

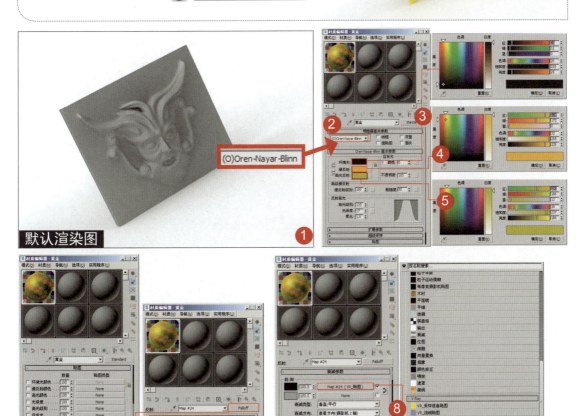

1：打开场景文件　　3：设置环境光颜色　　5：设置高光反射颜色　　7：设置衰减类型和衰减方向
2：设置明暗器类型　　4：设置漫反射颜色　　6：在反射通道添加衰减贴图　　8：在衰减贴图的前通道添加VR_贴图

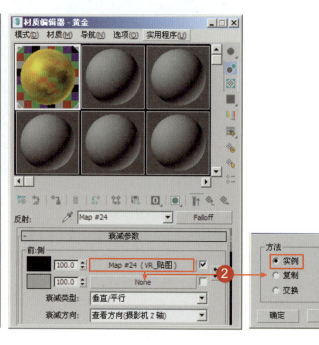

1：设置VR_贴图"参数"卷展栏的参数
2：将衰减贴图的前通道贴图复制到侧通道中
3：场景最终渲染效果

分析点评：
本例使用了3ds Max自带的标准材质、衰减贴图及VR_贴图来制作喷砂金材质。其中，衰减贴图主要是为了控制黄金的反射强度。

017 清澈玻璃材质

应用领域：CG影视材质

技术要点：
通过设置VRay材质的基本参数来制作清澈玻璃材质

思路分析：
VRay材质+参数设置

难度系数： ★★☆☆☆

材质文件\CC\017

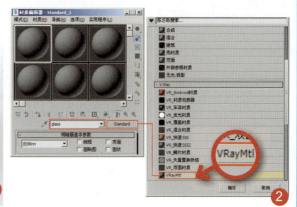

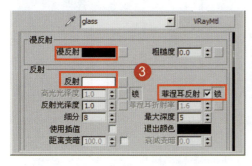

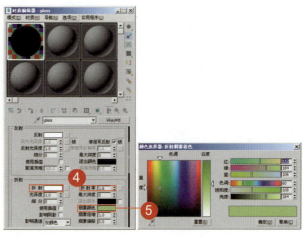

1：打开场景文件
2：设置glass材质，材质样式为VRayMtl
3：设置漫反射和反射颜色，勾选"菲涅耳反射"复选框
4：设置折射颜色和折射率
5：设置烟雾颜色为绿色
6：玻璃瓶物体渲染效果

C CG 影视材质

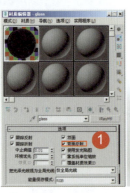

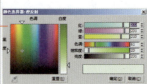
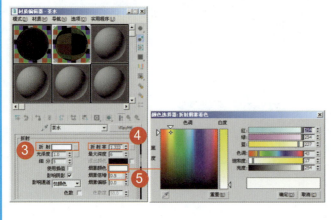

1：在"选项"卷展栏勾选"背面反射"复选框
2：设置茶水材质，设置漫反射颜色
3：设置折射颜色
4：设置折射率
5：设置烟雾颜色和烟雾倍增
6：场景最终渲染效果
7：可以用不同的颜色自行设置另一个玻璃瓶的材质

分析点评：
本例制作的清澈玻璃材质其实就是透明度比较强且干净的玻璃物体，我们通过清澈玻璃和茶水材质的制作了解了不同反射和折射参数下材质的设置。

018 彩色水晶材质

应用领域：CG影视材质

技术要点：
通过设置VRay材质的基本参数来制作水晶材质；通过烟雾颜色控制水晶材质的颜色

思路分析：
设置VRay材质+参数设置

难度系数： ★★☆☆☆

材质文件\CC\018

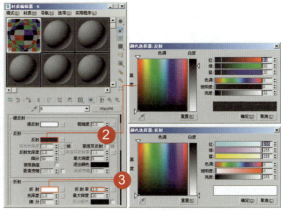

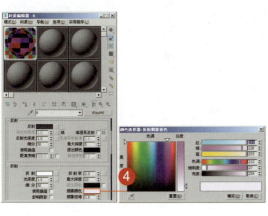

1：打开场景文件
2：设置反射颜色
3：设置折射颜色和折射率
4：设置烟雾颜色
5：场景最终渲染效果

分析点评：
水晶材质的特点是透明度高，反射效果不是很强，反射角度比较直，所以不能使用菲涅耳反射。只要把握住这3点，就能将水晶材质做得更加逼真。

019 老化金属材质

应用领域：CG影视材质

技术要点：
使用混合材质、VRay材质及凹痕贴图制作老化金属材质

思路分析：
混合材质+VRay材质+凹痕贴图+参数设置

难度系数：★★★☆☆

 材质文件\CC\019

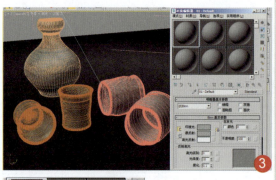
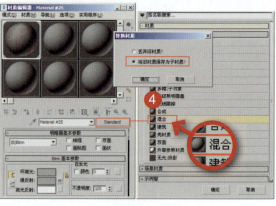

1：打开场景文件
2：制作古董边缘磨损金属效果
3：使用吸管工具吸取古董物体的材质
4：设置材质类型为混合材质
5：在混合材质的遮罩通道添加贴图

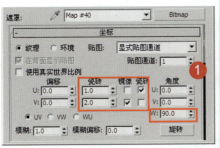
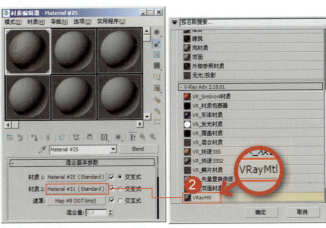
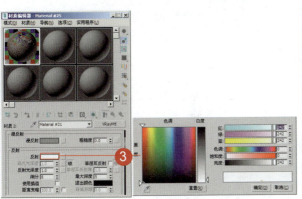
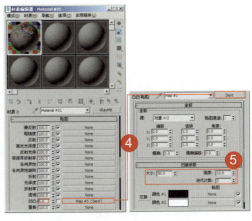
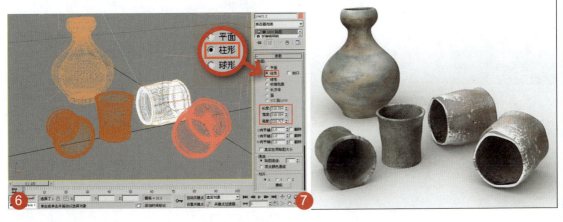

1：设置"坐标"卷展栏的参数
2：设置混合材质的材质2类型为VRayMtl
3：设置反射颜色
4：在凹凸通道添加凹痕贴图
5：设置"凹痕参数"卷展栏的参数
6：为古董物体添加UVW贴图坐标修改器
7：场景最终渲染效果

分析点评：
本例使用混合材质的遮罩贴图制作了老化金属表面生锈和被腐蚀的材质效果。除了混合材质，凹痕贴图在制作老化金属材质时也起到了重要作用。

020 HDRI场景

应用领域：CG影视材质

技术要点：
本例没有使用灯光，而是使用了VR_HDRI贴图文件作为背景来制作景深

思路分析：
设置VR_HDRI贴图+设置地面材质+使用Photoshop调节景深

难度系数： ★★★★☆

材质文件\CC\020

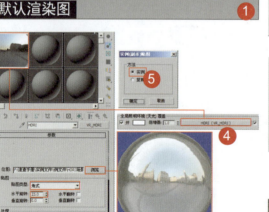

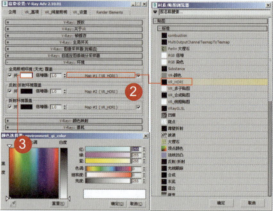

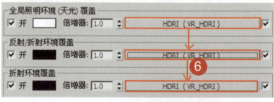

1：默认渲染图
2：给天光区域添加VR_HDRI贴图
3：设置天光区域的亮度
4：设置VR_HDRI贴图
5：关联复制到天光区域
6：将天光区域贴图复制到反射和折射区域
7：天光测试

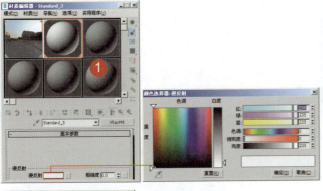
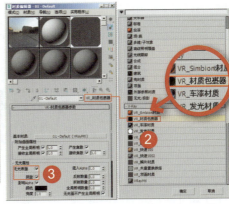
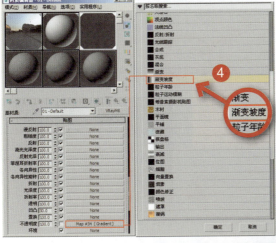

1：新建VRay材质
2：设置地面材质，材质类型为VR_材质包裹器
3：设置阴影遮罩
4：进入包裹内嵌的材质中，在不透明度通道添加渐变坡度贴图
5：测试地面渲染效果
6：测试整体渲染效果

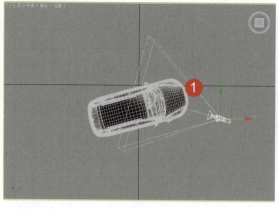
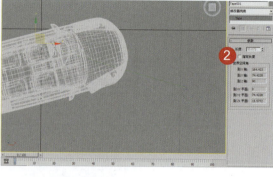
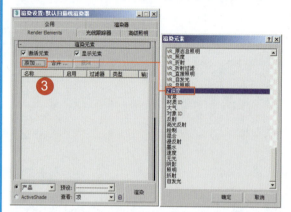
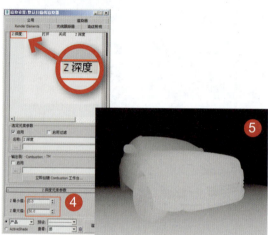
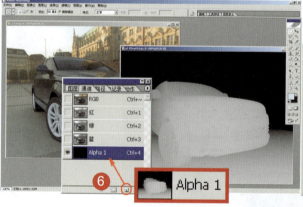

1：确定相机位置，准备测量景深
2：使用尺子工具沿着摄像机的方向测量距离
3：添加景深特效
4：设置景深为刚才测量的参数
5：渲染出景深图片
6：在Photoshop中，将景深复制给Alpha通道
7：用镜头模糊滤镜调节景深
8：最终制作效果

分析点评：
本例使用了VR_HDRI贴图文件作为背景，在制作景深时，使用了通道渲染的方法，并配合Photoshop来制作景深效果。

021 金属划痕

应用领域：CG影视材质

技术要点：
使用3ds Max内置混合材质表现金属的划痕

思路分析：
设置混合遮罩+设置光线跟踪材质+噪波控制锈痕

难度系数：★★★★☆

材质文件\CC\021

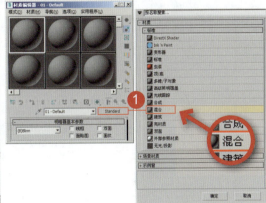

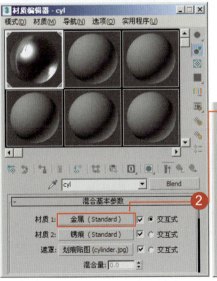

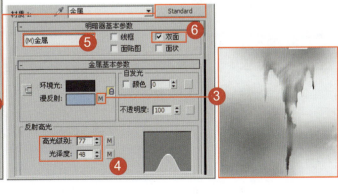

1：设置混合材质
2：设置第一层混合
3：在漫反射通道添加贴图
4：设置反射高光参数
5：设置金属高光类型
6：勾选"双面"复选框

CCG 影视材质

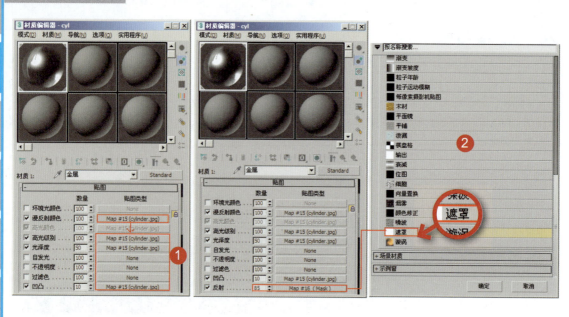

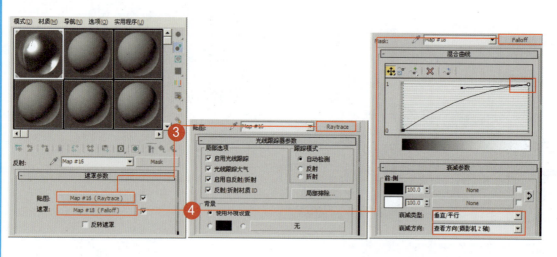

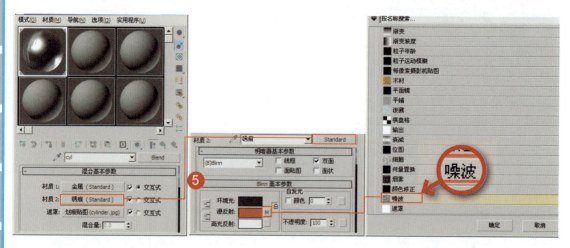

1：将漫反射颜色通道贴图复制到高光级别通道、光泽度通道和凹凸通道中
2：在反射通道添加遮罩贴图
3：在贴图通道添加光线跟踪贴图
4：在遮罩通道添加衰减贴图
5：在混合材质的材质2通道添加噪波贴图

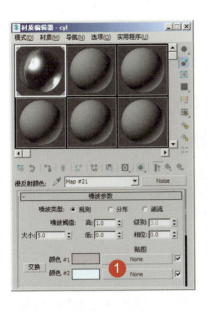
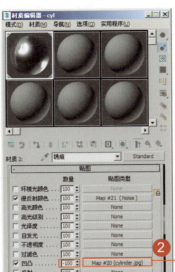

1：设置噪波颜色
2：在凹凸通道添加贴图
3：在混合遮罩通道添加贴图
4：最终渲染结果

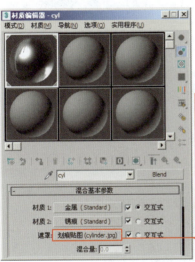

分析点评：

本例是一个由废旧金属场景组成的案例，目的是通过这些不同的金属材质表现技法，使读者有针对性地掌握3ds Max内置混合材质和光线跟踪材质的金属反射表现方法。

材质文件\JJ\065

022 半透明绿茶

应用领域：CG影视材质

技术要点：
使用数码照片拍摄的素材制作逼真的半透明绿茶效果

思路分析：
设置半透明茶材质+设置绿茶遮罩+数码照片素材

难度系数： ★★★☆☆

材质文件\CC\022

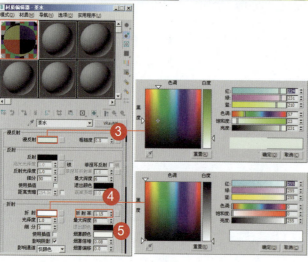

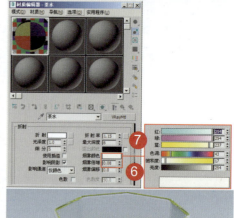

1：现实生活中的参考物
2：VRay材质模拟的CG效果
3：设置漫反射颜色
4：设置折射颜色
5：设置折射率
6：设置烟雾倍增
7：设置烟雾颜色（绿茶的半透明效果）
8：绿茶的渲染测试效果

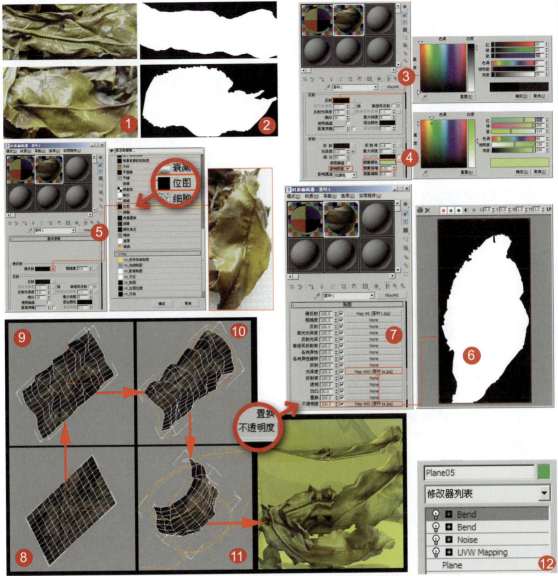

1：数码相机拍摄的绿茶照片
2：用Photoshop制作的同尺寸遮罩贴图
3：设置茶叶的反射颜色
4：设置半透明属性
5：在漫反射通道添加位图贴图为茶叶照片
6：在不透明度通道添加镂空遮罩贴图
7：将不透明度通道贴图复制到光泽度通道中，防止产生高光
8：建立面片为绿茶模型
9：噪波处理
10：弯曲处理
11：二次弯曲处理
12：修改面板的效果
13：渲染效果

分析点评：
虽然该模型看似简单，但建模非常讲究，玻璃杯中的水和玻璃杯壁接触的地方存在一个张力，使水面产生了一些变形。除这些以外，还在水面上制作了几个水珠，由于这一点细微的变化，使制作出来的水面非常真实。

023 反光板材质

应用领域：CG影视材质

技术要点：
通过创建平面物体并设置其材质来制作反光板材质

思路分析：
平面物体+渐变坡度贴图+参数设置

难度系数： ★★★☆☆

 材质文件\CC\023

默认渲染图 ❶ ❷

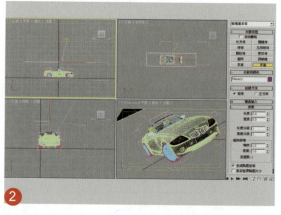

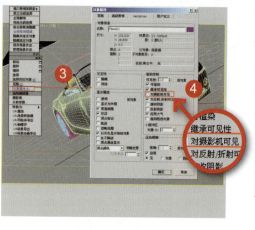

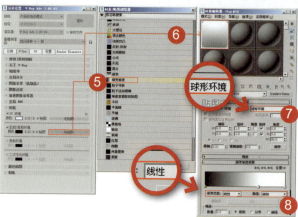

1：打开场景文件
2：创建平面物体
3：打开"对象属性"对话框
4：取消勾选"对摄影机可见"复选框
5：在反射/折射环境覆盖通道添加渐变坡度贴图
6：将渐变坡度贴图实例复制到"材质编辑器"界面中
7：设置"坐标"卷展栏参数
8：设置"渐变坡度参数"卷展栏参数

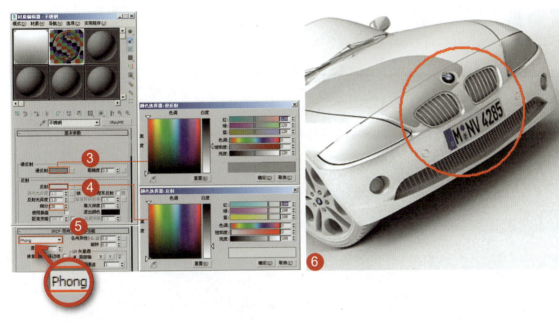

1：反光板效果
2：给车牌添加照片贴图
3：设置漫反射颜色
4：设置反射颜色和反射参数
5：设置BRDF-双向反射功能分布类型
6：汽车金属边缘的材质渲染效果
7：未添加反光板的渲染效果
8：添加反光板的渲染效果

分析点评：
如果没有反光板，金属面就不能产生优美的反射效果。本例为了使汽车金属漆产生更多的反射细节，在汽车的顶部建立了反光板。合理地使用反光板可以使金属表面映射出流畅的线条，能够充分体现物体的结构。

024 灯泡材质

应用领域：CG影视材质

技术要点：
使用多维/子对象材质和混合材质等制作灯泡材质

思路分析：
多维/子对象材质+混合材质+衰减贴图+参数设置

难度系数： ★★★★☆

 材质文件\CC\024

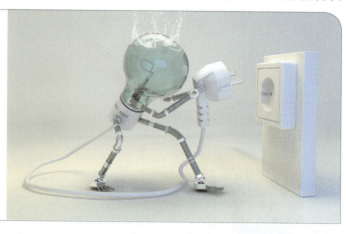

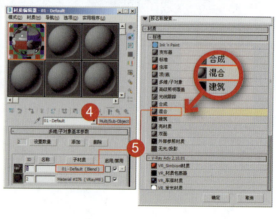

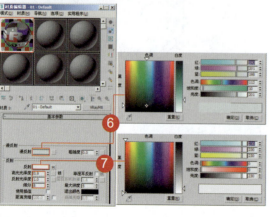

1：打开场景文件
2：设置场景中选中的面的ID为1
3：设置场景中选中的面的ID为2
4：设置灯泡材质为Multi/Sub-Object（多维/子对象）材质
5：设置多维/子对象材质1的材质为混合材质
6：设置混合材质的材质1的漫反射颜色
7：设置混合材质的材质1的反射颜色和反射参数

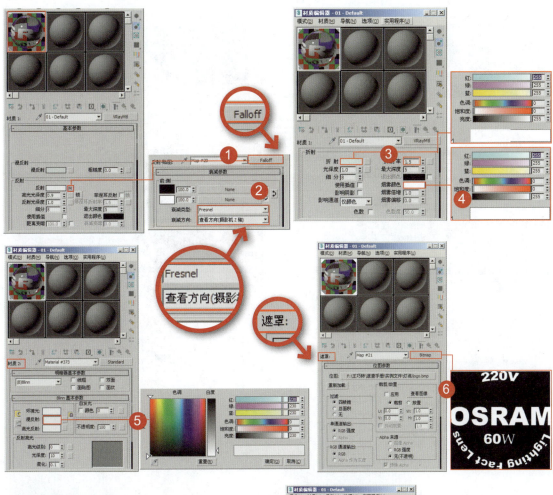

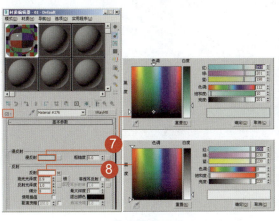

1：在混合材质的材质1的反射通道添加衰减贴图
2：设置衰减贴图的衰减类型和衰减方向
3：设置混合材质的材质1的折射颜色
4：设置混合材质的材质1的烟雾颜色
5：设置混合材质的材质2的漫反射颜色
6：在混合材质的遮罩通道添加贴图
7：设置多维/子对象材质2的漫反射颜色
8：设置多维/子对象材质2的反射颜色和反射参数
9：在多维/子对象材质2的反射通道添加衰减贴图
10：设置衰减类型和衰减方向

C CG 影视材质

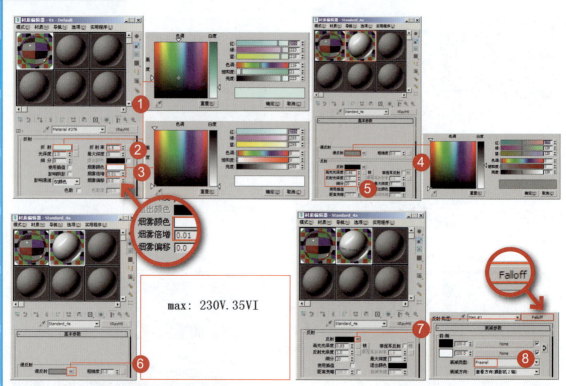

1：设置多维/子对象材质2的折射颜色
2：设置多维/子对象材质2的折射率
3：设置多维/子对象材质2的烟雾颜色和烟雾倍增
4：设置漫反射颜色
5：设置反射参数
6：在漫反射通道添加贴图
7：在反射通道添加衰减贴图
8：设置衰减类型和衰减方向
9：设置光影模式为各向异性
10：灯泡材质渲染效果

分析点评：

本例主要介绍了使用多维/子对象材质、混合材质和VRay材质制作灯泡材质的方法，用到的贴图主要有衰减贴图。该方法属于难度较高的材质制作方法，所以在使用其制作材质的过程中要有耐心。

025 飞镖盘金属材质

应用领域：CG影视材质

技术要点：
使用VRay材质和衰减贴图制作飞镖盘金属材质

思路分析：
VRay材质+衰减贴图+参数设置

难度系数： ★★★★☆

材质文件\CC\025

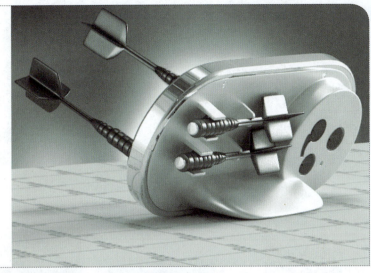

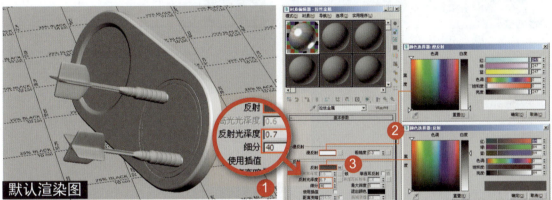

  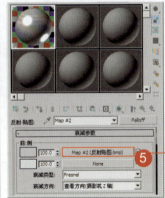 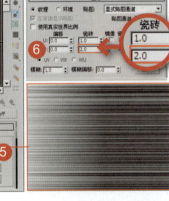

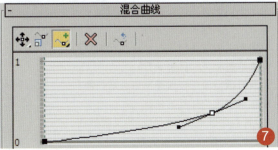

1：打开场景文件
2：设置拉丝金属面板材质，设置漫反射颜色
3：设置反射颜色和反射参数
4：在反射通道添加衰减贴图
5：在衰减贴图的前通道添加贴图
6：设置"坐标"卷展栏参数
7：设置衰减贴图混合曲线

C CG 影视材质

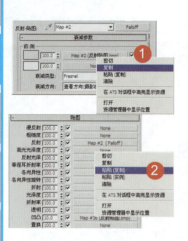 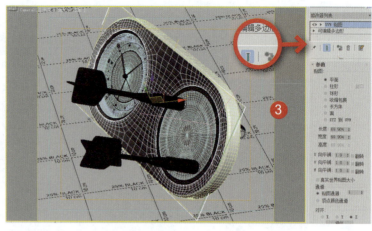

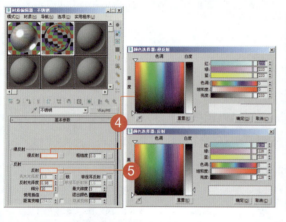 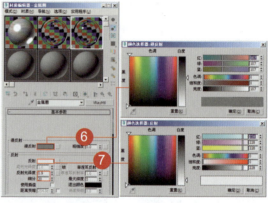

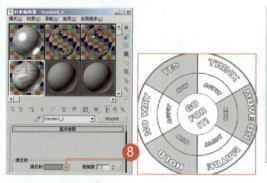 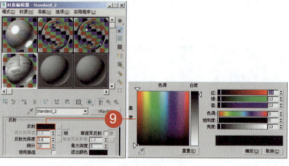

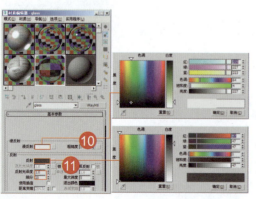

1：复制衰减贴图的前通道贴图
2：在凹凸通道粘贴衰减贴图的前通道贴图
3：给面板物体添加UVW贴图坐标修改器
4：设置不锈钢材质，设置漫反射颜色
5：设置反射颜色和反射参数
6：设置表盘金属圈材质，设置漫反射颜色
7：设置反射颜色和反射参数
8：设置表盘材质，设置漫反射通道贴图
9：设置反射颜色和反射参数
10：设置盘面玻璃材质，设置漫反射颜色
11：设置反射颜色和反射参数

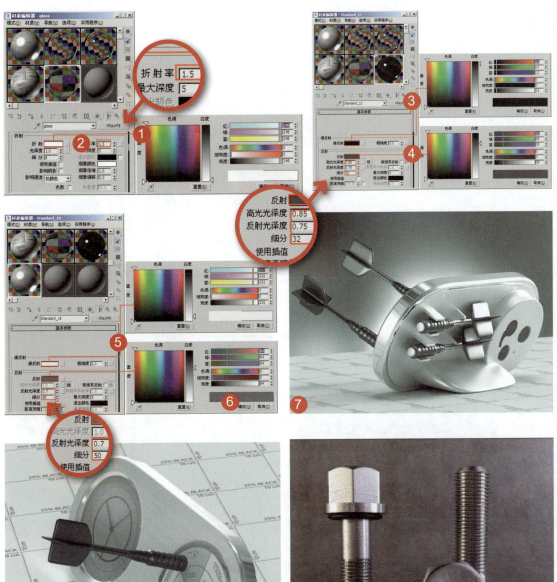

1：设置折射颜色
2：设置折射率
3：设置黑色飞镖材质，设置漫反射颜色
4：设置反射颜色和反射参数
5：设置磨砂金属材质，设置漫反射颜色
6：设置反射颜色和反射参数
7：飞镖盘背面渲染效果
8：飞镖盘正面渲染效果

分析点评：

本例制作的飞镖盘金属材质包括的主要材质有：拉丝金属材质、不锈钢材质、金属圈材质、表盘玻璃材质和磨砂金属材质。其中，金属材质有两种，但是它们有不同之处，在设置时需要注意。

026 翡翠龙材质

应用领域：CG影视材质

技术要点：
使用VR_快速SSS材质、VR_发光材质及VR_污垢材质等制作翡翠龙材质

思路分析：
设置VR_快速SSS材质+设置VR_发光材质+设置VR_污垢材质+参数设置

难度系数： ★★★☆☆

 材质文件\CC\026

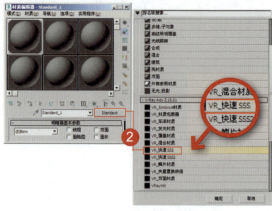

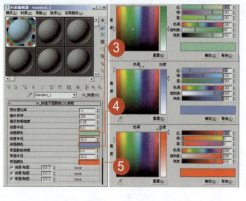

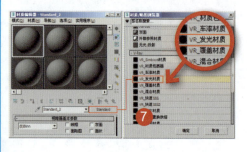

1：打开场景文件
2：设置材质类型为VR_快速SSS
3：设置浅层颜色
4：设置深层颜色
5：设置背面颜色
6：材质渲染效果
7：设置AO效果，设置材质类型为VR_发光材质

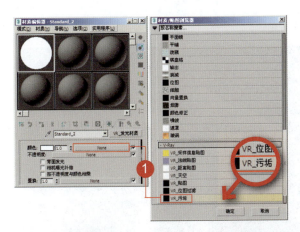
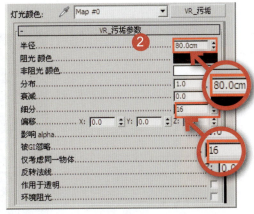
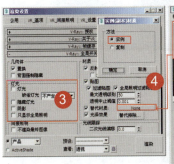
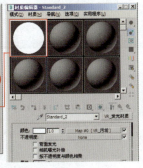

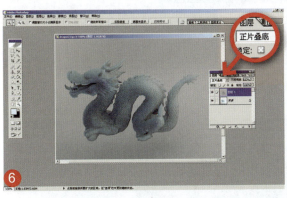

1：在VR_发光材质的颜色通道添加VR_污垢贴图
2：设置"VR_污垢参数"卷展栏参数
3：在"V-Ray::全局开关"卷展栏设置"灯光"选项组的参数
4：将发光贴图复制到替代材质通道中
5：场景渲染效果
6：在Photoshop中，将AO图像和彩色渲染图像以"正片叠底"混合模式叠加
7：场景最终渲染效果

分析点评：

本例制作的翡翠龙材质，主要是将通过VR_快速SSS材质制作出的材质渲染图，以及通过VR_发光材质和VR_污垢材质制作的AO图像在Photoshop中进行叠加，得到翡翠龙材质效果。

材质文件\KK\085

027 皮肤材质

应用领域：CG影视材质

技术要点：
使用VR_快速SSS材质、标准材质及VRay灯光制作皮肤材质

思路分析：
VR_快速SSS材质+标准材质+VRay灯光+参数设置

难度系数： ★★★☆☆

 材质文件\CC\027

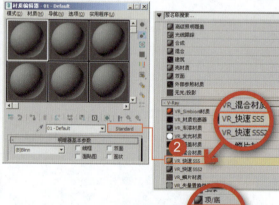

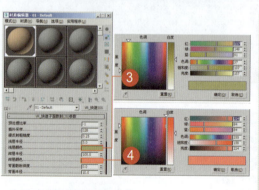

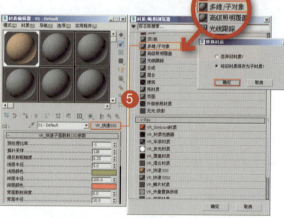

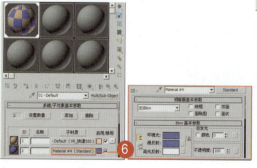

1：打开场景文件
2：设置材质样式为VR_快速SSS材质
3：设置浅层颜色
4：设置深层颜色
5：设置材质样式为多维/子对象材质
6：设置多维/子对象材质的材质2为普通的蓝色材质

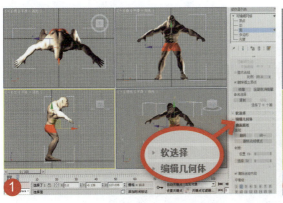
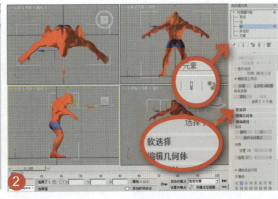
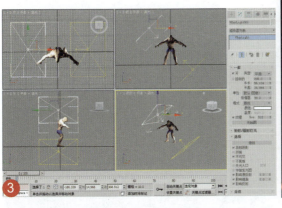
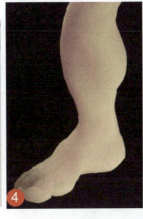
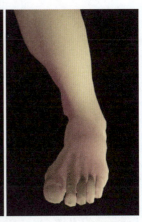
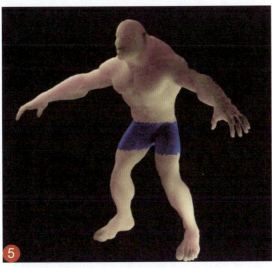

1：设置场景中选中面的ID为2
2：反选多边形，将身体其他部分的ID设置为1
3：在场景中添加VRay灯光
4：脚部的局部渲染效果
5：整体渲染效果

分析点评：
本例制作的皮肤材质使用了VRay渲染器自带的最新材质——VR_快速SSS，它可以模拟皮肤表面和肌肉内部的光线散射效果。

028 废旧汽车材质

应用领域：CG影视材质

技术要点：
使用混合材质和标准材质制作废旧汽车材质

思路分析：
混合材质+标准材质+参数设置

难度系数： ★★☆☆☆

 材质文件\CC\028

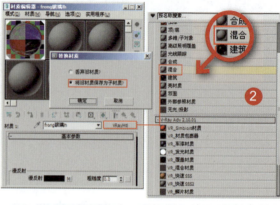

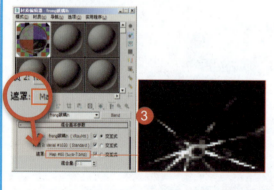

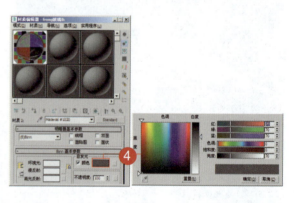

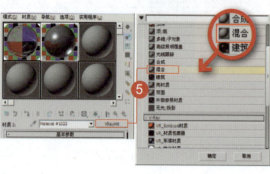

1：打开场景文件
2：设置玻璃裂痕材质，材质样式为混合材质
3：在混合材质的遮罩通道添加贴图
4：设置混合材质的材质2参数
5：设置车身污垢材质，材质样式为混合材质

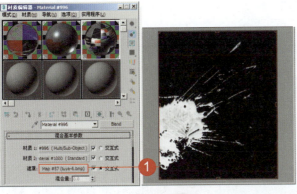
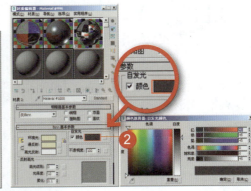
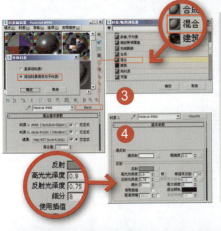
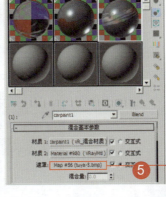

1：在混合材质的遮罩通道添加贴图
2：设置混合材质的材质2参数
3：设置划痕材质，材质样式为混合材质
4：设置混合材质的材质2参数
5：在混合材质的遮罩通道添加贴图
6：之前的汽车效果
7：添加材质后的汽车效果

分析点评：
本例制作的废旧汽车材质主要是给汽车材质添加污垢材质，其制作方法比较简单。

029 台灯材质

应用领域：CG影视材质

技术要点：
通过VRay材质和场景渲染设置来制作台灯材质

思路分析：
VRay材质+参数设置+场景渲染设置

难度系数： ★★★☆☆

材质文件\CC\029

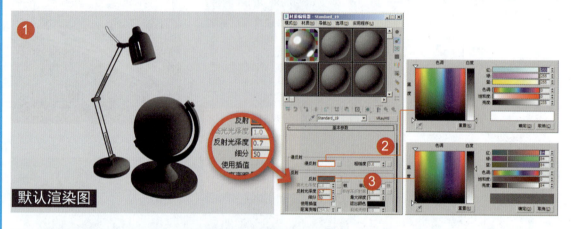

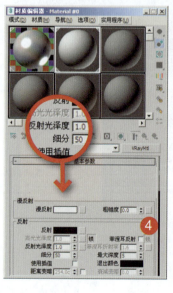

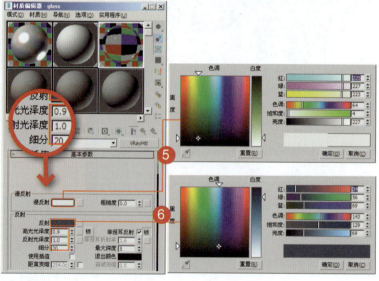

1：打开场景文件
2：设置不锈钢材质，设置漫反射颜色
3：设置反射颜色和反射参数
4：设置背景材质，设置漫反射颜色
5：设置玻璃罩材质，设置漫反射颜色
6：设置反射颜色和反射参数

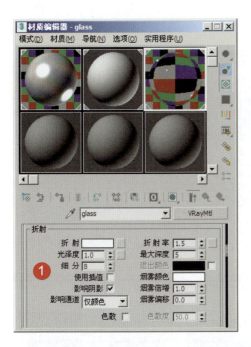
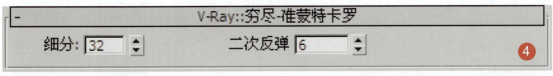
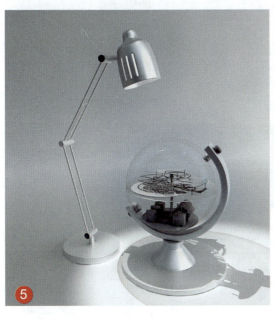

1：设置折射参数
2：设置"V-Ray::图像采样器"卷展栏参数
3：设置"发光贴图"卷展栏参数
4：设置"V-Ray::穷尽-准蒙特卡罗"卷展栏参数
5：场景最终渲染效果

分析点评：
台灯使用了球体VRay灯光和聚光灯照明，场景使用了VRayLight平面光照明。台灯和球体材质使用了VRay专用的材质类型。

030 酒瓶材质

应用领域：CG影视材质

技术要点：
使用标准材质、VRay材质及衰减贴图制作酒瓶材质

思路分析：
标准材质+VRay材质+参数设置

难度系数： ★★★☆☆

 材质文件\CC\030

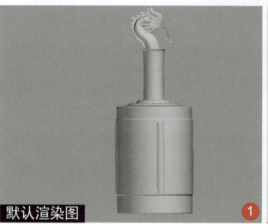

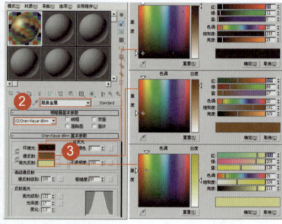

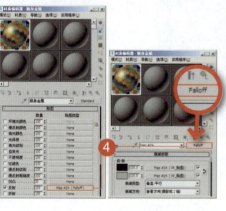

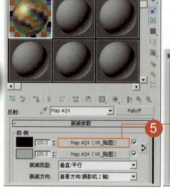

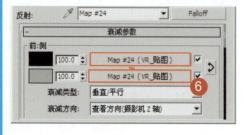

1：打开场景文件
2：设置瓶身金属材质，明暗器类型为(O)Oren-Nayar-Blinn
3：设置环境光、漫反射和高光反射颜色
4：在反射通道添加衰减贴图
5：在衰减贴图的前通道添加VR_贴图并设置参数
6：将VR_贴图复制到侧通道中

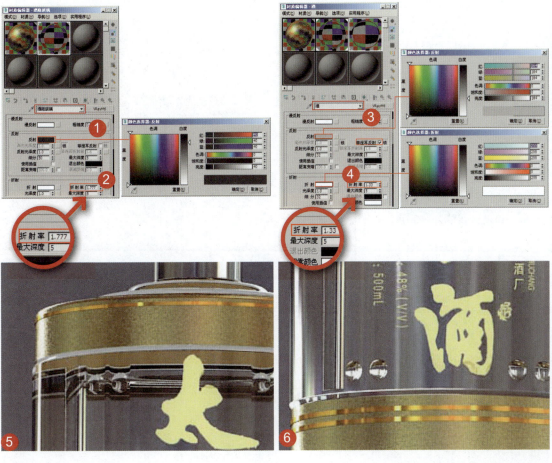

1：设置酒瓶玻璃材质，设置反射颜色
2：设置折射率
3：设置酒材质，设置反射颜色，勾选"菲涅耳反射"复选框
4：设置折射颜色和折射率
5：酒瓶材质渲染效果
6：酒材质渲染效果
7：模型最终渲染效果

分析点评：
本例主要介绍了使用标准材质和VRay材质及衰减贴图制作酒瓶材质，我们需要重点学习的是如何逼真地表现场景中瓶身金属材质和酒瓶玻璃材质。

031 墙面涂鸦

应用领域：CG影视材质

技术要点：
使用3ds Max自带的混合贴图嵌套混合贴图的方法制作墙面涂鸦效果

思路分析：
混合贴图+标准材质+参数设置

难度系数： ★★☆☆☆

材质文件\CC\031

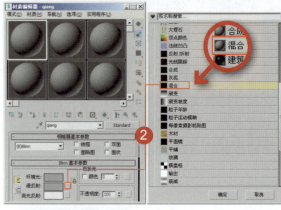

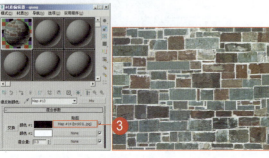

1：打开场景文件，创建一个长方体
2：在漫反射通道添加混合贴图
3：在颜色1通道添加贴图
4：在颜色2通道添加贴图
5：在混合量通道添加贴图

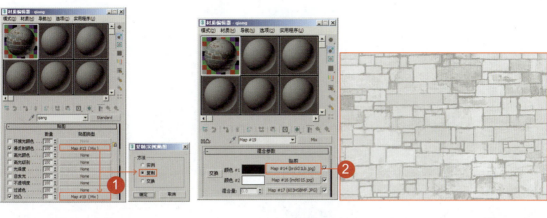
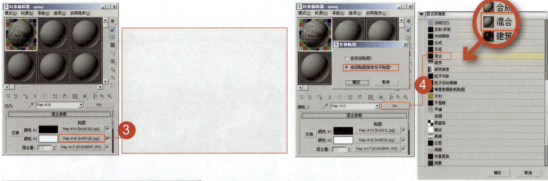
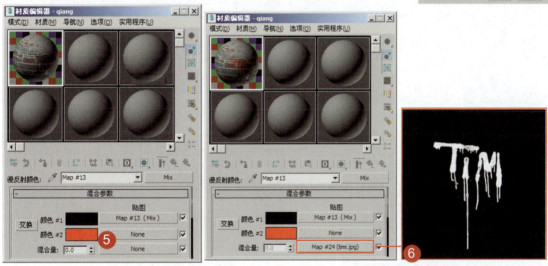

1：制作凹凸效果，将漫反射通道贴图复制到凹凸通道中
2：在凹凸通道混合材质的颜色1通道添加贴图
3：在凹凸通道混合材质的颜色2通道添加贴图
4：设置涂鸦墙面，在漫反射通道的混合贴图上嵌套混合贴图
5：设置嵌套混合贴图的颜色2为红色
6：在嵌套混合贴图的混合量通道添加贴图

分析点评：
本例使用混合贴图将纹理图片贴到模型上，使模型和贴图的比例适当，从而产生真实的墙面涂鸦效果。

032 雪景

应用领域：CG影视材质

技术要点：
使用3ds Max自带的混合贴图和雪花粒子系统制作雪景效果

思路分析：
混合贴图+雪花粒子系统+参数设置

难度系数： ★★★☆☆

材质文件\CC\032

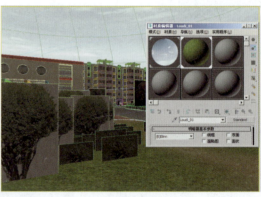

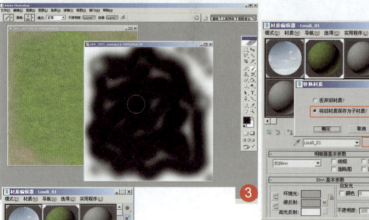

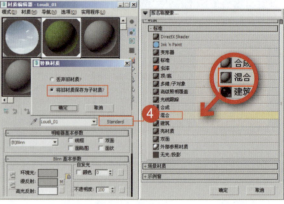

1：打开场景文件
2：用吸管工具吸取场景中的地面材质
3：在Photoshop中按照原来的贴图尺寸绘制黑白遮罩图
4：设置材质样式为混合材质
5：在遮罩通道添加黑白遮罩贴图

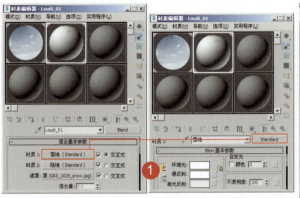

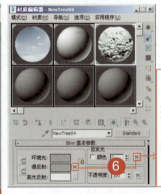

1：设置混合材质的材质1通道材质
2：在Photoshop中打开植物的漫反射贴图
3：复制图层
4：按住Ctrl键并单击绿色通道，选中植物较亮的树顶受光处
5：给被选择区域去色3次，在"亮度/对比度"对话框中操作3次
6：将该贴图替换到漫反射贴图上，然后将其复制到自发光贴图上
7：场景渲染效果

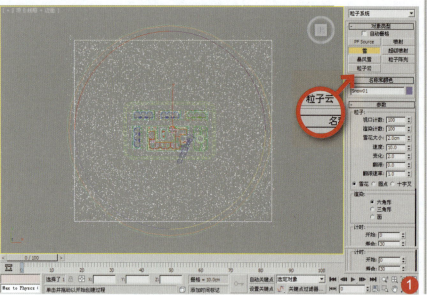
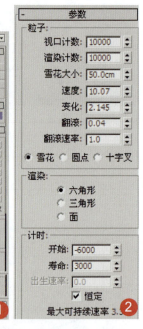
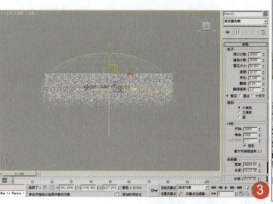

1：选择雪花粒子系统，在俯视图中建立雪花物体
2：在修改面板中设置雪花物体的参数
3：在前视图中调整雪花物体的高度
4：场景最终渲染效果

分析点评：
本例通过混合贴图中的蒙版控制、雪花粒子系统和雪景贴图来制作雪景效果。其中，混合贴图中的蒙版主要用于控制雪和贴图的分界。

033 反光字幕

应用领域：CG影视材质

技术要点：
使用目标聚光灯、标准材质和渐变坡度贴图制作反光字幕效果

思路分析：
目标聚光灯＋标准材质＋渐变坡度贴图＋参数设置

难度系数： ★★★★☆

材质文件\CC\033

1：打开场景文件
2：建立平面物体并为其设置贴图文件
3：选择平面物体后单击对齐工具，按H键选择摄像机镜头
4：设置"对齐当前选择"对话框中的参数
5：在场景中创建目标聚光灯

C CG 影视材质

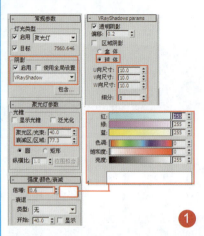
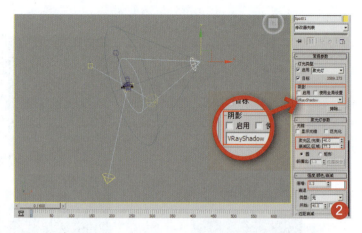
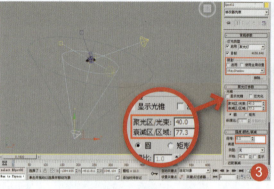
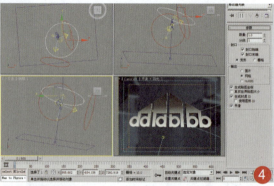
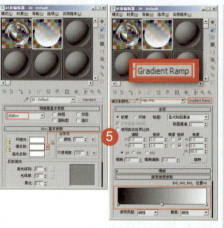

1：设置目标聚光灯参数
2：创建目标聚光灯并设置参数
3：创建目标聚光灯并设置参数
4：在场景中创建3个圆环，为其添加挤出修改器，并设置参数
5：在漫反射通道添加渐变坡度贴图
6：将漫反射通道贴图复制到其他通道中
7：场景最终渲染效果

分析点评：
本例使用了3盏目标聚光灯给字幕打光，其中一盏是主光源，另外两盏是辅助光源。由于只有灯光不能使金属效果达到我们的要求，因此我们还设置了反光板来突出金属表面的光泽度。

034 日光灯楼板

应用领域：CG影视材质

技术要点：
使用面片的方法制作镂空的日光灯贴图

思路分析：
使用混合材质+标准贴图

难度系数： ★★★☆☆

材质文件\CC\034

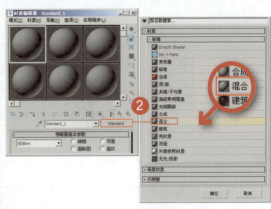

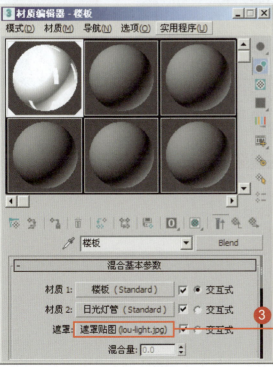

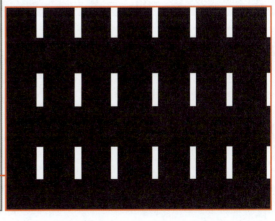

1：打开场景文件
2：设置材质样式为混合材质
3：在混合材质的遮罩通道添加贴图

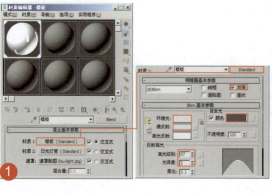 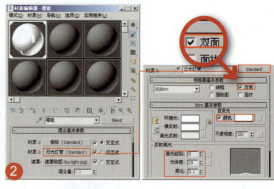

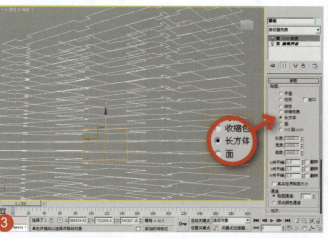 

1：在混合材质的材质1通道添加标准贴图，这是楼板材质
2：在混合材质的材质2通道添加标准贴图，这是日光灯管材质
3：给楼板添加UVW贴图坐标修改器
4：添加材质后的渲染效果
5：添加灯光后的渲染效果
6：场景最终渲染效果

分析点评：
如果在场景中使用全三维的植物，则会因为场景的面数太多而导致渲染速度严重下降，这样的场景在制作动画时也会因为面数太多而影响系统性能，本例使用面片的方法制作镂空的日光灯贴图正好解决了这个问题。

地面材质——035~038

地面材质多指建筑物内部和周围地表的铺筑层，还包括楼体表面的贴层装饰材料，比较常见的有水泥砂浆地面、大理石地面、水磨石地面、环氧树脂、瓷砖、木地板、塑胶地板等。

035 地面黑石材质

应用领域：地面装饰

技术要点：
通过在漫反射通道添加贴图来模拟黑石表面效果；通过在凹凸通道添加贴图来表现黑石材质表面的纹理质感

思路分析：
设置漫反射和反射效果+设置凹凸质感

难度系数：★★☆☆

材质文件\D\035

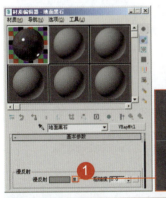

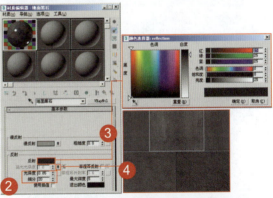

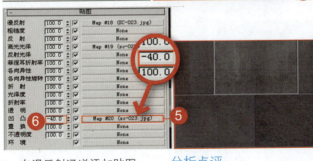

1：在漫反射通道添加贴图
2：设置反射参数
3：设置反射颜色
4：在高光光泽度通道添加贴图
5：在凹凸通道添加贴图
6：设置凹凸通道的贴图强度

分析点评：
本例使用VRay材质制作地面黑石材质。地面黑石材质的制作方法与瓷砖石材的设置方法基本相同，只是在反射效果方面有所不同。地面黑石材质的反射效果较低。

扩展案例\地面1

063

D 地面材质

036 石子地面材质

应用领域：地面装饰

技术要点：
通过在凹凸通道添加贴图来表现石子地面材质的凹凸效果

思路分析：
设置漫反射和反射效果+设置凹凸质感

难度系数： ★★☆☆☆

材质文件\D\036

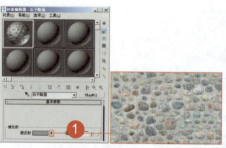

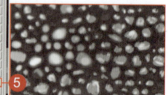

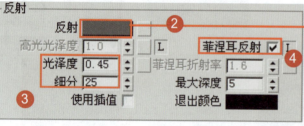

1：在漫反射通道添加贴图
2：设置反射颜色
3：设置反射参数
4：勾选"菲涅耳反射"复选框
5：在凹凸通道添加贴图
6：设置凹凸通道的贴图强度

分析点评：
本例使用VRay材质制作石子地面材质。石子地面材质的主要特征是地面有凹凸质感，着重表现了石子的凸起效果，所以通过在凹凸通道添加贴图来表现此类效果。也可以使用这种方法表现不平整地面材质和纹理地面效果。

037 苔藓地面材质

应用领域：地面装饰

技术要点：
通过在漫反射通道添加细胞贴图来表现苔藓地面的表面效果；通过在凹凸通道添加细胞来表现材质表面的凹凸质感

思路分析：
设置基本参数+设置凹凸质感

难度系数： ★★☆☆☆

材质文件\D\037

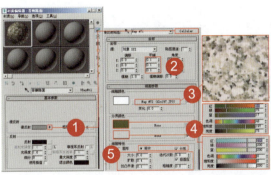

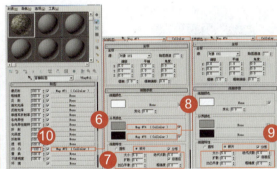

1：在漫反射通道添加细胞贴图
2：设置细胞贴图参数
3：在细胞颜色通道添加贴图
4：设置分界颜色
5：设置细胞类型、大小等参数
6：在凹凸通道添加细胞贴图
7：设置细胞类型、大小等参数
8：在分界颜色两个通道中分别添加细胞贴图
9：设置细胞类型、大小等参数
10：设置凹凸通道的贴图强度为–100
11：最终材质球效果

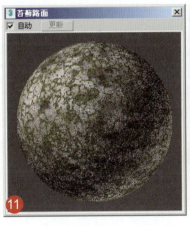

分析点评：
本例使用VRay材质制作苔藓地面材质。苔藓地面具有地面效果和苔藓效果两种材质，将这两种材质结合起来就是苔藓地面材质。这只是一种简单的说法，难点在于两种材质的合并方法。如果掌握了这种材质的合并方法，就可以制作出很多种复杂的材质效果。

D 地面材质

038 瓷砖地面材质

应用领域：地面装饰

技术要点：
通过在反射通道添加衰减贴图及设置光泽度参数来表现瓷砖材质的高光和反射；通过在凹凸通道添加贴图来表现凹凸质感

思路分析：
设置漫反射和反射效果+设置凹凸质感

难度系数： ★★☆☆☆

 材质文件\D\038

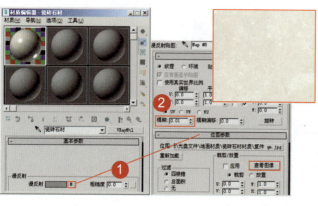

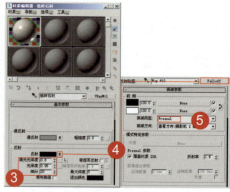

1：在漫反射通道添加贴图
2：设置位图参数
3：设置反射参数
4：在反射通道添加衰减贴图
5：设置衰减类型
6：在凹凸通道添加贴图
7：设置凹凸通道的贴图强度

扩展案例\地面4

分析点评：
本例使用VRay材质制作瓷砖地面材质。这种瓷砖地面材质的表面都具有强烈的反射和高光效果，特别是在光线的照射下表现得特别显著；同时，在其表面具有纹理质感。这种材质在建筑装饰中经常被使用，与我们的生活息息相关。

光效材质——039~040

光效材质用于模仿各种具有灯光特性的物品,在室内和室外均是不可缺少的陪衬材质。但此类材质在制作上对参数的设置要求较为严格,稍有误差就会产生曝光或昏暗等失败效果。

039 灯箱材质

应用领域:陈设品装饰

技术要点:
利用VRay灯光材质制作灯箱材质

思路分析:
设置VR灯光材质+设置VR材质包裹器

难度系数: ★★☆☆☆

材质文件\G\039

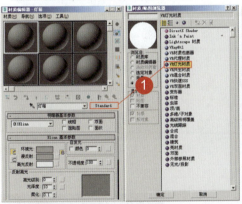

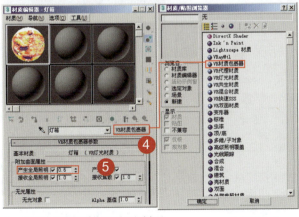

1:设置材质类型为VR灯光材质
2:在颜色通道添加贴图
3:设置颜色通道的贴图强度
4:设置材质类型为VR材质包裹器
5:设置产生全局照明的强度

分析点评:

本例利用VRay灯光材质制作灯箱材质。灯箱材质的制作比较简单,使用VRay灯光材质制作该材质是一个不错的选择,同时使用该材质还可以制作出其他类似的材质,如电视屏幕、LED发光字等。

G 光效材质

040 X光材质

应用领域：医疗设施

技术要点：
通过设置漫反射颜色来表现X光材质的颜色；通过在不透明度通道添加衰减贴图来表现X光材质的透明质感

思路分析：
设置X光颜色＋设置透明效果

难度系数： ★★☆☆☆

材质文件\G\040

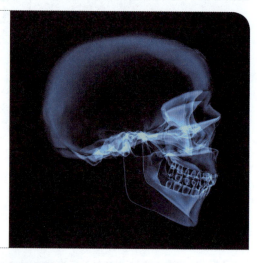

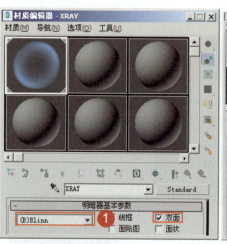

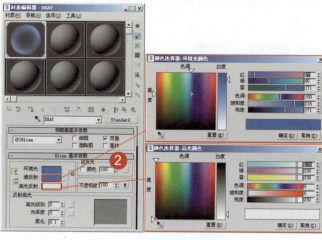

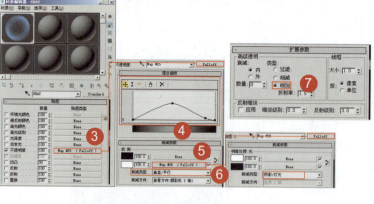

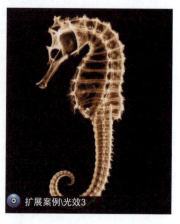

扩展案例\光效3

1：设置明暗器类型并勾选"双面"复选框
2：设置漫反射颜色和高光反射颜色
3：在不透明度通道添加衰减贴图
4：调节衰减曲线
5：继续在衰减贴图的侧通道添加衰减贴图
6：设置衰减类型
7：在"扩展参数"卷展栏设置高级透明方式

分析点评：
本例使用标准材质制作X光材质。通过这个案例可以进一步了解衰减贴图的运用，并学会如何通过混合两个衰减贴图来实现细致的透明效果。

火材质——041~045

火材质的制作方法可以分为两种：一种方法是使用贴图直接制作火材质效果；另一种方法是通过粒子系统来制作火材质效果。前者制作的火焰更加变幻无常，也更加真实。

041 炭火材质

应用领域：陈设品装饰

技术要点：
利用VRay灯光材质制作炭火材质

思路分析：
设置炭火灯光+设置炭火材质

难度系数： ★★☆☆☆

材质文件\H\041

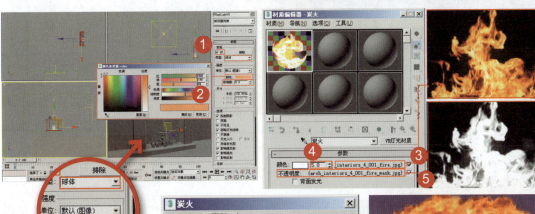

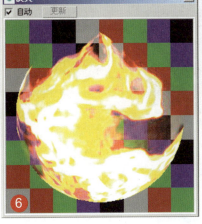

1：设置光源阴影类型
2：设置光源颜色和倍增器值
3：在颜色通道添加贴图
4：设置贴图强度
5：在不透明度通道添加贴图
6：最终材质球效果

分析点评：
本例使用VRay灯光材质制作炭火材质。炭火材质具有高亮度和闪烁特征，本例为了更好地模拟炭火的燃烧效果，使用了灯光模拟炭火的发光效果，同时使用了贴图来模拟炭火的表面效果。另外，如果允许的话，还可以使用粒子系统来制作炭火材质，不过这样比较复杂，技术含量也比较高。

042 火焰材质

应用领域：陈设品装饰

技术要点：
利用VRay灯光材质制作火焰材质

思路分析：
设置颜色贴图+设置透明效果

难度系数：★★☆☆☆

 材质文件\H\042

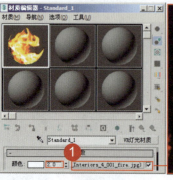

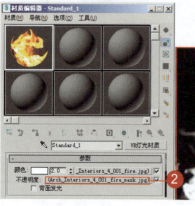

1：在颜色通道添加贴图，并设置贴图强度
2：在不透明度通道添加贴图
3：最终材质效果图

分析点评：
本例使用VRay灯光材质制作火焰材质。本例的材质制作比较简单，使用了贴图来模拟火焰的效果。可以使用灯光贴图表现火焰的发光效果，同时使用透明贴图表现火焰的闪烁效果。另外，还可以使用粒子系统制作火焰材质。

043 火柴材质

应用领域：陈设品装饰

技术要点：
在混合材质中制作带火星的火柴材质及火焰材质

思路分析：
设置带火星的火柴材质+设置火焰材质

难度系数： ★★★★★

材质文件\H\043

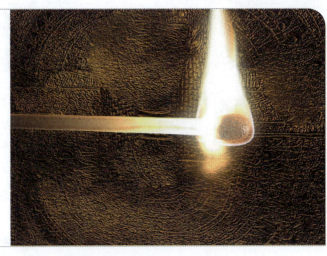

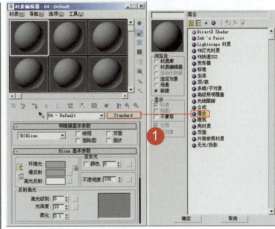

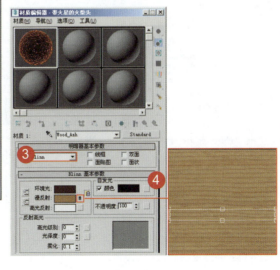

1：设置材质为混合材质
2：混合材质的组成部分
3：设置明暗器类型
4：在漫反射通道添加贴图

H 火材质

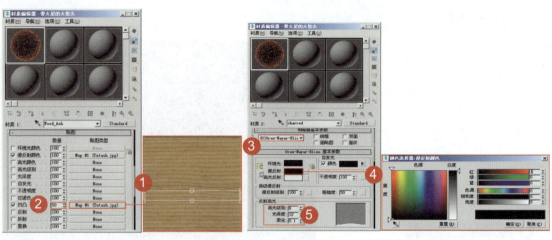

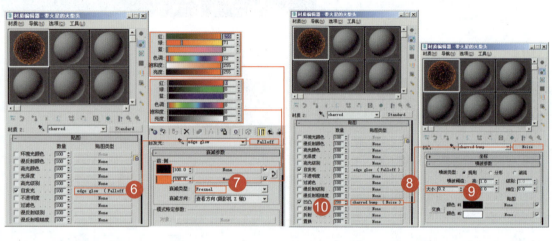

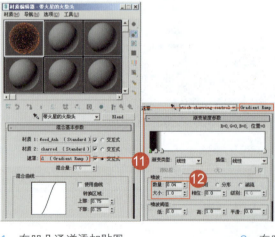

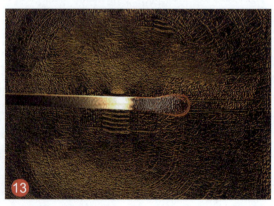

1：在凹凸通道添加贴图
2：设置凹凸通道的贴图强度
3：设置明暗器类型
4：设置漫反射颜色
5：设置反射高光参数
6：在自发光通道添加衰减贴图
7：设置衰减颜色和衰减类型
8：在凹凸通道添加噪波贴图
9：设置噪波大小
10：设置凹凸通道的贴图强度
11：在遮罩通道添加渐变坡度贴图
12：设置渐变坡度参数
13：渲染效果

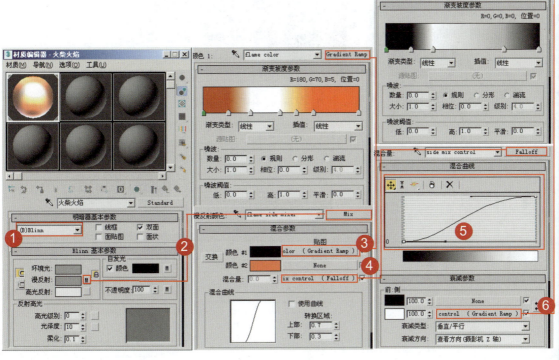

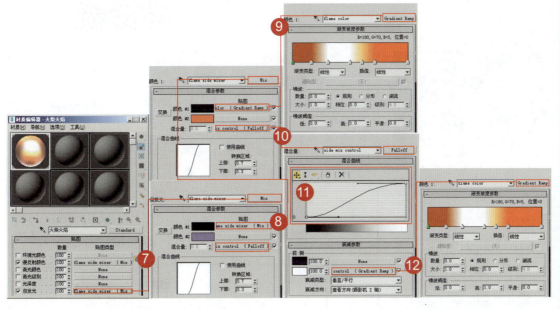

1：设置明暗器类型
2：在漫反射通道添加混合贴图
3：在混合贴图的颜色1通道添加渐变坡度贴图
4：在混合贴图的颜色2通道添加衰减贴图
5：调节混合曲线
6：在衰减贴图的侧通道添加渐变坡度贴图
7：在自发光通道添加第二个混合贴图

8：在混合贴图的颜色1通道添加第三个混合贴图
9：在第三个混合贴图的颜色1通道添加渐变坡度贴图并设置颜色2通道的颜色
10：在混合量通道添加衰减贴图
11：调节混合曲线
12：在衰减贴图的侧通道添加渐变坡度贴图

H 火材质

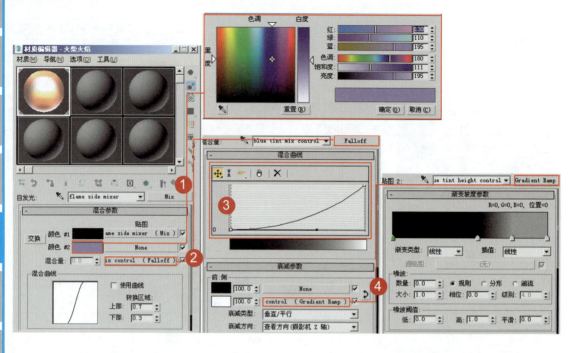

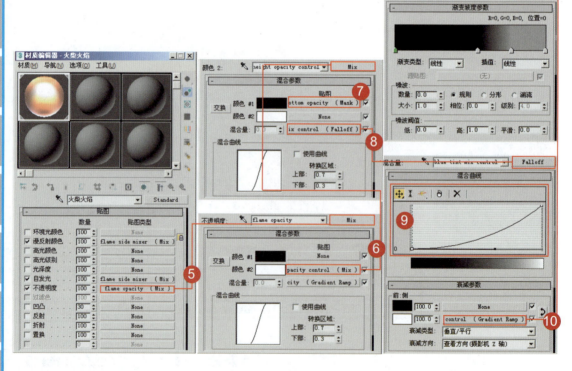

1：设置第二个混合贴图的颜色2通道的颜色
2：在第二个混合贴图的混合量通道添加衰减贴图
3：调节混合曲线
4：在衰减贴图的侧通道添加渐变坡度贴图
5：在不透明度通道添加第四个混合贴图
6：在混合贴图的颜色2通道添加第五个混合贴图
7：在第五个混合贴图的颜色1通道添加遮罩贴图
8：在混合量通道添加衰减贴图
9：调节混合曲线
10：在衰减贴图的侧通道添加渐变坡度贴图

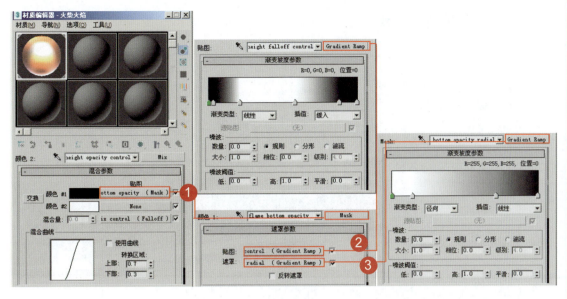
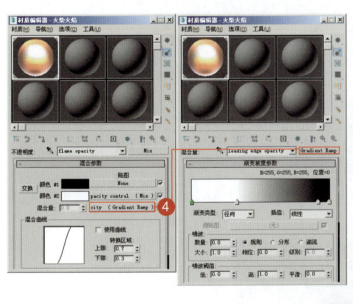
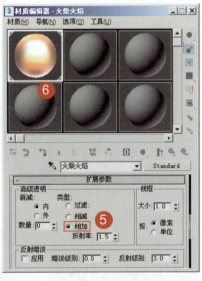

1：刚才我们已经在第五个混合贴图的颜色1通道添加了遮罩贴图
2：在遮罩贴图的贴图通道添加渐变坡度贴图
3：在遮罩贴图的遮罩通道添加渐变坡度贴图
4：在混合量通道添加渐变坡度贴图
5：回到最上层的"扩展参数"卷展栏，将高级透明类型改为相加
6：最终材质球效果

分析点评：

本例制作了火柴材质。在动画制作中，燃烧效果是很难制作的一种特效，由于3ds Max在这方面的功能限制，因此在制作这类效果时往往需要依赖插件或其他软件完成，但是也可以通过贴图中的一些模拟手段来制作这类效果，即使达不到插件产生的效果，也能达到一般的燃烧效果。

044 燃气灶火焰材质

应用领域：陈设品装饰

技术要点：
利用渐变坡度贴图、混合贴图及衰减贴图制作燃气灶的蓝色火焰材质

思路分析：
设置内部火焰材质＋设置外部火焰材质

难度系数： ★★★☆☆

材质文件\H\044

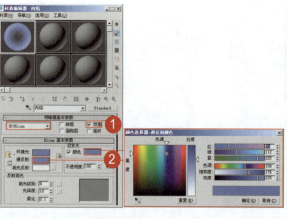

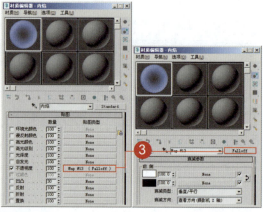

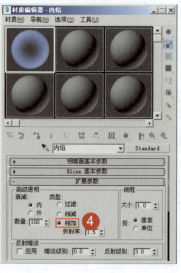

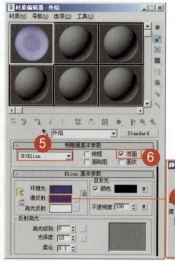

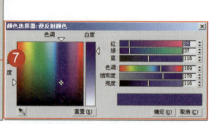

1：设置明暗器类型并勾选"双面"复选框
2：设置漫反射颜色和自发光颜色
3：在不透明度通道添加衰减贴图
4：设置高级透明类型为相加
5：设置明暗器类型
6：勾选"双面"复选框
7：设置漫反射颜色

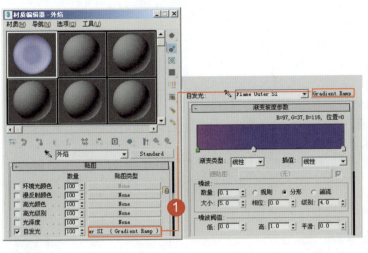

1：在自发光通道添加渐变坡度贴图
2：在不透明度通道添加混合贴图
3：在混合贴图的颜色2通道添加衰减贴图
4：调节衰减曲线
5：在混合贴图的混合量通道添加渐变坡度贴图
6：设置高级透明类型为相加
7：内焰最终材质球效果
8：外焰最终材质球效果

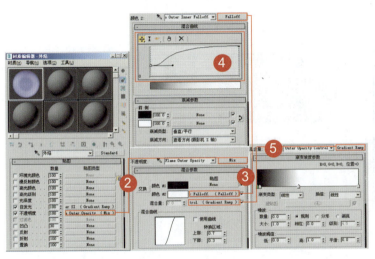

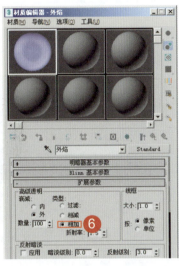

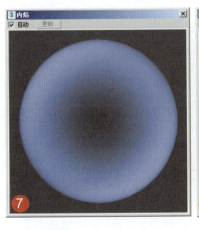

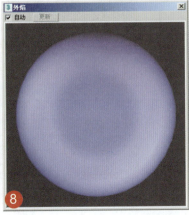

分析点评：

本例使用标准材质制作燃气灶火焰材质。一方面，在制作该材质时可以表现火焰的颜色及半透明质感，展现出燃气灶火焰的蓝色火苗等效果；另一方面，该火焰具有自发光效果，并且火焰的颜色具有渐变效果。掌握了火焰的这些特征后，就可以对火焰材质进行制作了。

077

H 火材质

045 岩浆材质

应用领域：环境装饰

技术要点：
在混合材质中，利用混合贴图，结合噪波贴图、渐变扩展及遮罩贴图来制作岩浆材质

思路分析：
设置黑色岩浆材质+设置燃烧岩浆材质+设置遮罩材质

难度系数： ★★★★☆

 材质文件\H\045

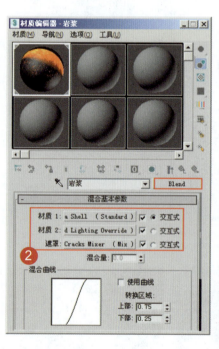

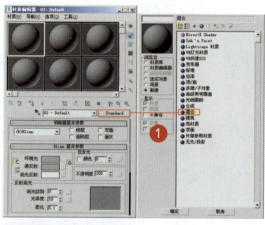

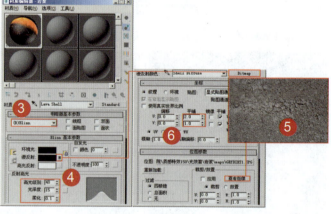

1：设置材质为混合材质
2：混合材质的组成部分
3：设置明暗器类型
4：设置反射高光参数
5：在漫反射通道添加贴图
6：设置平铺值

078

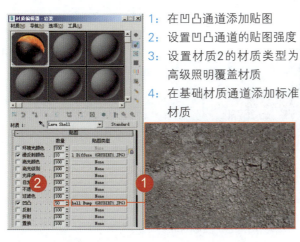
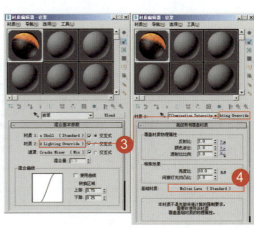

1: 在凹凸通道添加贴图
2: 设置凹凸通道的贴图强度
3: 设置材质2的材质类型为高级照明覆盖材质
4: 在基础材质通道添加标准材质

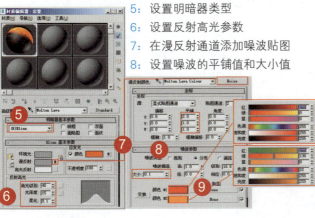
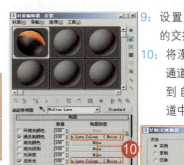

5: 设置明暗器类型
6: 设置反射高光参数
7: 在漫反射通道添加噪波贴图
8: 设置噪波的平铺值和大小值
9: 设置噪波贴图的交换颜色
10: 将漫反射颜色通道贴图复制到自发光通道中

1: 在凹凸通道添加混合贴图
2: 在混合贴图的颜色1通道添加第二个混合贴图
3: 在第二个混合贴图的颜色1通道添加遮罩贴图
4: 在遮罩贴图的贴图通道添加贴图
5: 在遮罩贴图的遮罩通道添加渐变坡度贴图
6: 在混合量通道添加第三个混合贴图
7: 在第三个混合贴图的颜色1通道添加遮罩贴图

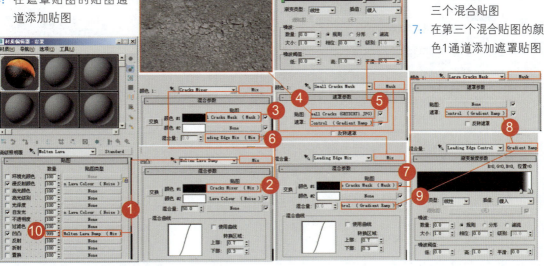

8: 在遮罩贴图的遮罩通道添加渐变坡度贴图
9: 回到第三个混合贴图的材质层，在混合量通道添加渐变坡度贴图
10: 回到最上层，设置凹凸通道的贴图强度

H 火材质

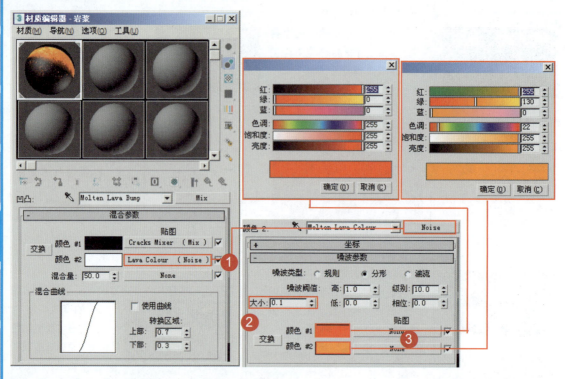

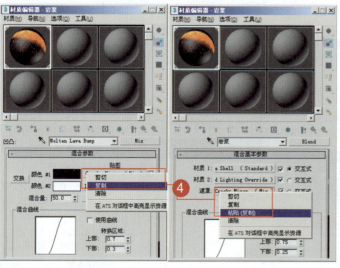

1：回到第一个混合贴图的材质层，在颜色2通道添加噪波贴图
2：设置噪波大小
3：设置噪波贴图的交换颜色
4：将颜色2通道贴图复制、粘贴到黑色岩浆材质的遮罩通道中

分析点评：

本例使用混合材质制作岩浆材质。岩浆材质涉及层叠纹理的应用。层叠纹理是创建程序贴图的一个重要手段，也是整个程序贴图制作的核心内容。将各种各样的贴图或纹理组合、叠加在一起，可以得到丰富多彩的纹理效果。无论使用程序贴图创建什么材质都要遵循这个规律，在学习不同材质的制作方法的同时，应该以此为出发点，不断地尝试和扩展这些程序贴图的使用方法，多思考多研究。

建筑动画材质——046~057

本章介绍建筑动画中一些材质的制作方法。建筑动画主要应用在建筑场景表现方面，在建筑动画中利用电脑制作中随意可调的镜头进行鸟瞰、俯视、穿梭、长距离等任意浏览，可以提升建筑物的气势。

046 湖水荡漾

应用领域：建筑动画

技术要点：
使用3ds Max自带的标准材质制作湖水荡漾效果

思路分析：
标准材质+噪波贴图+光线跟踪贴图

难度系数： ★★★☆☆

材质文件\J\046

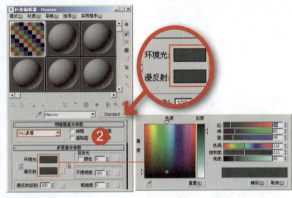

1：打开场景文件
2：设置水面颜色
3：设置水面高光反射层参数
4：设置扩展参数

J 建筑动画材质

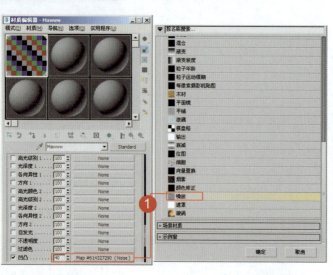

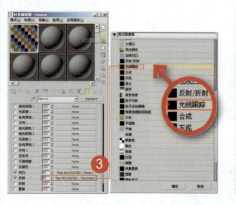

1：在凹凸通道添加噪波贴图
2：设置噪波贴图参数
3：在反射通道添加光线跟踪贴图
4：场景渲染效果
5：场景最终效果

分析点评：
在动画制作中，经常会遇到需要表现水体材质的情况，如湖泊或河流等。在动画场景中设置材质时，要注意与周围环境的配合。对于好的材质，只有在场景中把握整体才能产生好的效果。

047 森林

应用领域：建筑动画

技术要点：
使用Forest插件制作森林效果

思路分析：
Forest插件+多维/子对象材质+标准材质+参数设置

难度系数： ★★★☆☆

 材质文件\J\047

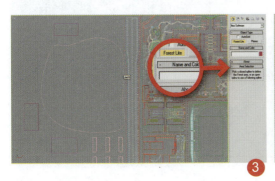

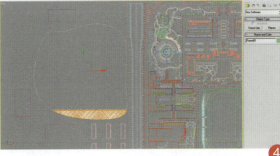

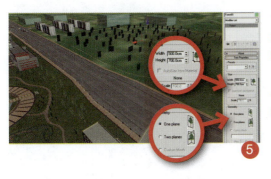

1：打开场景文件
2：建立制作森林的范围路径
3：在Itoo Software中建立面板，单击Forest Lite按钮，在视图中单击刚才建立的范围线
4：产生的森林
5：在Tree Properties卷展栏中，设置树木建立方式和高度

J 建筑动画材质

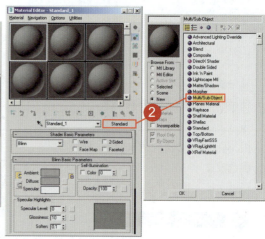

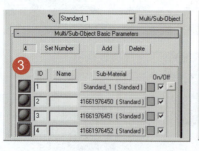
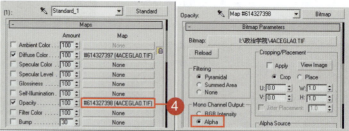

1：在Distribution Map卷展栏中选择Spread 1布局方式，增加森林密度
2：设置森林贴图，材质样式为多维/子对象材质
3：设置材质数量
4：在材质1的漫反射通道和不透明度通道添加贴图
5：设置其他3种材质贴图
6：指定摄像机注视
7：场景最终渲染效果

分析点评：
本例使用Forest插件、多维/子对象材质及3ds Max标准材质制作森林效果。在3ds Max中制作森林效果时，大多使用插件完成。

048 十字面片植物

应用领域：建筑动画

技术要点：
使用十字面片镂空贴图制作植物材质

思路分析：
挤出修改器+标准材质+参数设置

难度系数：★★★☆☆

材质文件\J\048

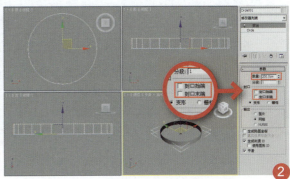

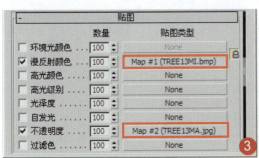

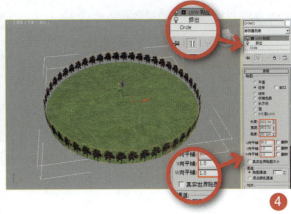

1：打开场景文件
2：在场景中创建一个半径为1000cm的圆，并给圆添加挤出修改器，设置数量为200cm
3：在标准材质的"贴图"卷展栏的漫反射颜色通道和不透明度通道添加贴图
4：复制这个圆并设置挤出参数，选择第一个圆，设置UVW贴图参数
5：透视图渲染效果

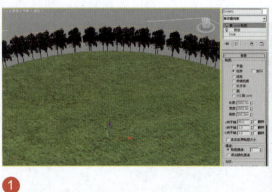
①

②
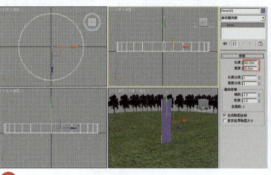
③
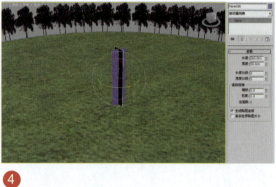
④

⑤
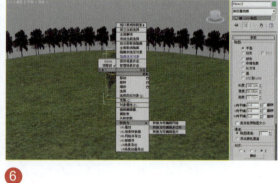
⑥

1：使用上述方法创建半径为1020cm，挤出数量为280cm的圆，并为其添加UVW贴图坐标修改器
2：透视图渲染效果
3：根据建筑动画常用的十字贴图法，在场景的中心创建一个长度为200cm、宽度为50cm的面片物体
4：在场景中将这个面片物体复制一个并旋转90°，使两个物体对齐
5：对两个面片物体设置UVW贴图采用平面方式
6：选择其中一个面片物体，将其转化为可编辑多边形

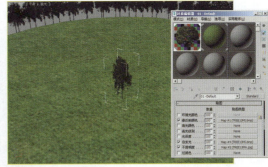

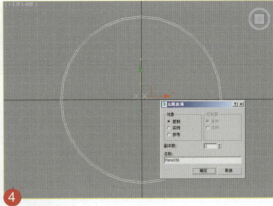

1：单击"附加"按钮，将两个互相垂直的面片物体组合成一个物体
2：设置材质球，在漫反射颜色通道、自发光通道和不透明度通道添加贴图
3：使用同样的方法制作另一个材质球
4：在场景中继续复制出20棵十字贴图物体
5：场景最终渲染效果

分析点评：
本例使用十字面片镂空贴图制作植物材质，主要用于远景树木材质的制作。树木材质的制作很重要，因为树木表现的好坏直接影响到整个动画表现的效果。

049 大楼增长

应用领域：建筑动画

技术要点：
使用3ds Max脚本语言制作大楼增长动画

思路分析：
脚本语言+参数设置

难度系数： ★★☆☆

材质文件\J\049

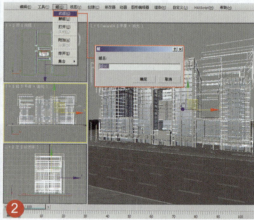

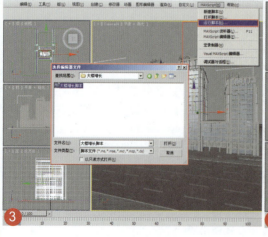
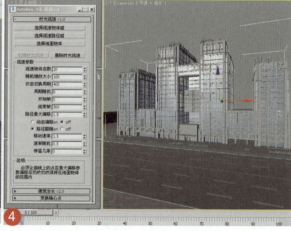

1：打开场景文件
2：将除了地面和树木的其他建筑物全部选中，然后选择"组"→"成组"命令，创建群组
3：选择"MAXScript"→"运行脚本"命令，弹出"选择编辑器文件"对话框，选择"大楼增长脚本"文件
4：单击"打开"按钮，打开"大楼增长脚本"文件

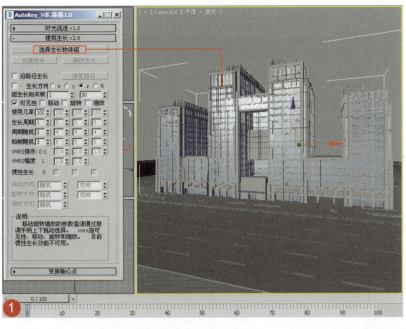
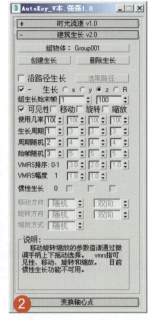
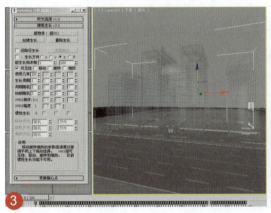
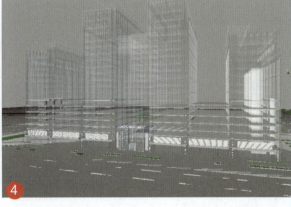

1：单击"选择生长物体组"按钮，选择建筑群组
2：设置"建筑生长 v2.0"卷展栏参数
3：设置完成后，单击"创建生长"按钮，将自动生成0～100帧的大楼增长动画
4：拖动时间滑块可以查看动画效果

分析点评：
本例中的大楼增长动画要求每块楼板和构件随机淡入场景中，并随着建筑物的某一轴向进行累积，最终生成一个大楼。

050 彩灯材质

应用领域：建筑动画

技术要点：
使用3ds Max制作彩灯材质动画

思路分析：
标准材质+曲线编辑器+参数设置

难度系数： ★★☆☆☆

材质文件\J\050

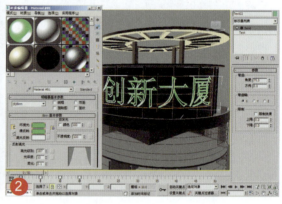
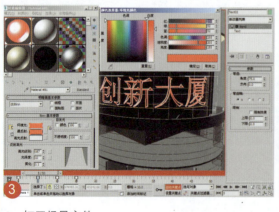
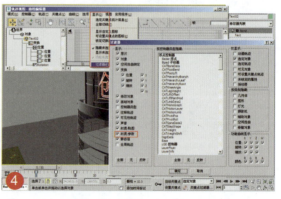

1：打开场景文件
2：选择创新大厦物体，按M键打开"材质编辑器"界面，用吸管工具吸取创新大厦物体的材质
3：单击"自动关键点"按钮，打开动画制作功能，分别在第5、第10和第15帧中设置不同的颜色
4：在"轨迹视图–曲线编辑器"界面中选择"显示"→"过滤器"命令，打开"过滤器"对话框，勾选"材质/参数"复选框

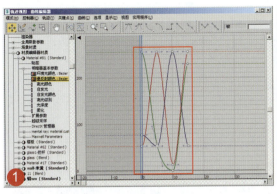 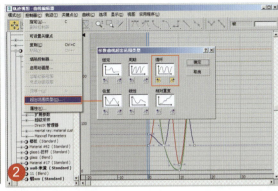

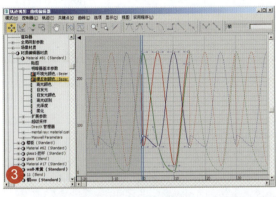 

1：框选制作动画的参数曲线上的关键点
2：选择"控制器"→"超出范围类型"命令，打开"参数曲线超出范围类型"对话框，设置循环方式
3：单击"确定"按钮，使整个动画产生循环效果
4：动画效果截图

分析点评：
本例主要使用标准材质和曲线编辑器制作了3ds Max基本材质动画，即彩灯材质动画。其中，使用曲线编辑器主要是为了制作动画的循环效果。

051 粒子喷泉

应用领域：建筑动画

技术要点：
使用3ds Max超级喷射粒子制作粒子喷泉动画

思路分析：
超级喷射粒子+重力器+导向板+参数设置

难度系数： ★★★★☆

 材质文件\J\051

默认渲染图 ①

 ②

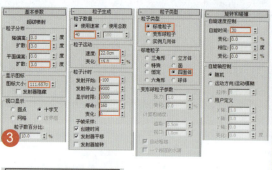 ③

 ④

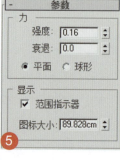 ⑤

1：打开场景文件
2：在场景中建立一个超级喷射粒子
3：在修改面板中设置粒子参数
4：创建重力图标
5：设置修改面板参数

①

②

③
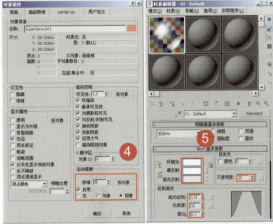
④

⑤

⑥ ⑦

1：将粒子和重力绑定
2：在场景中建立一个导向板并设置参数
3：将粒子和导向板绑定并将导向板移出水面，然后在前视图中右击刚才建立的粒子并选择"对象属性"命令
4：在"对象属性"对话框中设置参数，进行运动模糊设置
5：设置喷泉物体材质参数
6：粒子喷泉渲染效果
7：复制多个粒子喷泉后的渲染效果

分析点评：
本例制作的粒子喷泉主要是采用3ds Max的粒子系统实现的。若要做好粒子喷泉效果，则需要对粒子系统的基本参数有比较深入的了解。

052 喷泉

应用领域：建筑动画

技术要点：
使用RPC插件制作喷泉效果

思路分析：
RPC插件+参数设置

难度系数： ★★★☆☆

 材质文件\J\052

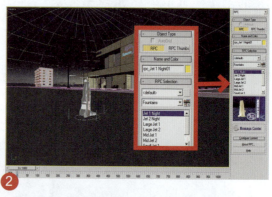

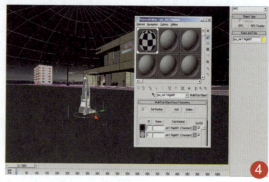

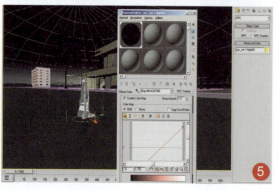

1：打开场景文件
2：在场景中建立一个喷泉物体
3：场景渲染效果
4：缩小喷泉尺寸，并吸取喷泉的材质
5：设置"输出"卷展栏参数

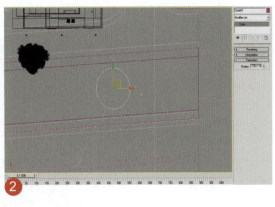
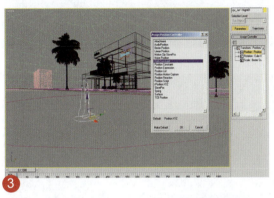

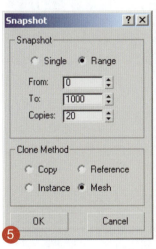

1：场景渲染效果
2：制作环形喷泉阵列，在俯视图中建立圆形路径曲线
3：选择喷泉物体，指定路径约束控制器
4：单击AddPath按钮，选择视图中的环形曲线路径
5：选择Tools→Snapshot命令，打开Snapshot对话框，设置参数
6：场景渲染效果

分析点评：
本例主要使用RPC插件制作喷泉效果。RPC内置了几种动态喷泉效果，非常好用。在制作时，只需对选中的喷泉效果进行摆放，然后调整尺寸，即可得到真实的喷泉效果。

053 夜晚水面

应用领域：建筑动画

技术要点：
使用3ds Max标准材质，以及噪波和光线跟踪贴图制作夜晚水面效果

思路分析：
标准材质+噪波贴图+光线跟踪贴图+参数设置

难度系数： ★★★☆☆

 材质文件\J\053

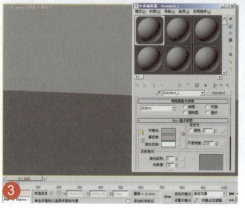

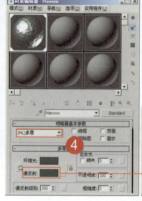

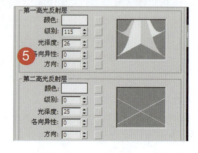

1：打开场景文件
2：选择水面物体，将其他物体隐藏
3：使用吸管工具吸取水面物体的材质
4：设置明暗器类型和漫反射颜色
5：设置高光反射层参数

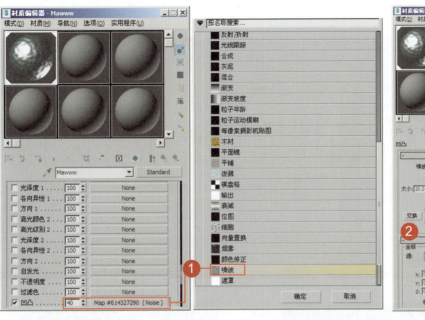
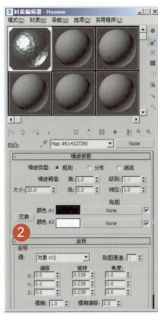
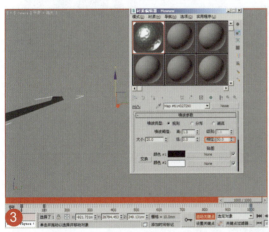
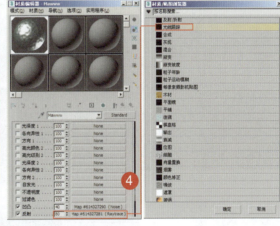

1：在凹凸通道添加噪波贴图
2：在"噪波参数"卷展栏中设置参数
3：为了让水面波纹产生动感，给相位参数设置动画
4：设置水面的反射，在反射通道添加光线跟踪贴图
5：显示所有物体，场景最终渲染效果

分析点评：
本例主要使用3ds Max的标准材质配合噪波贴图和光线跟踪贴图制作夜晚水面效果，并使用3ds Max动画技术使水面波纹产生动感。

054 白天水面

应用领域：建筑动画

技术要点：
使用3ds Max标准材质，以及噪波、衰减、遮罩和平面镜贴图制作白天水面效果

思路分析：
标准材质+噪波贴图+衰减贴图+遮罩贴图+平面镜贴图+参数设置

难度系数： ★★★☆☆

材质文件\J\054

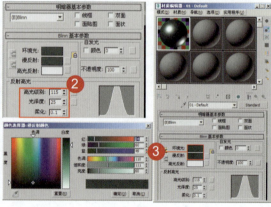

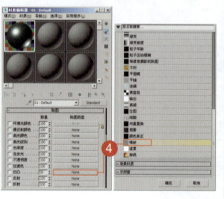

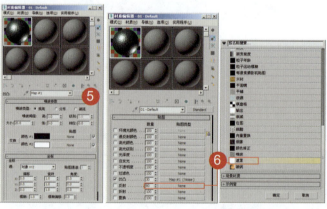

1：打开场景文件
2：选择一个样本球，设置反射高光参数
3：设置水体的环境光和漫反射颜色
4：在凹凸通道添加噪波贴图
5：设置噪波参数
6：设置Phase参数动画，并在反射通道添加遮罩贴图

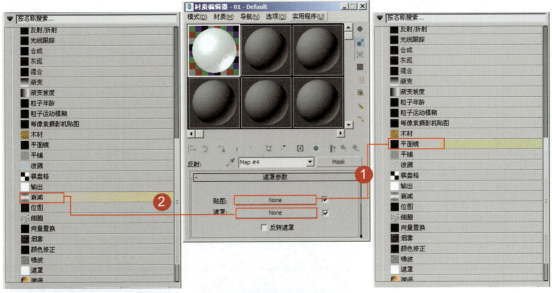
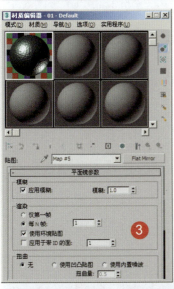

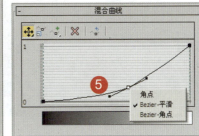

1：在遮罩贴图的贴图通道添加平面镜贴图
2：在遮罩贴图的遮罩通道添加衰减贴图
3：在"平面镜参数"卷展栏中设置参数
4：在"衰减参数"卷展栏中设置参数
5：调节混合曲线
6：场景最终效果

分析点评：
本例主要使用3ds Max的标准材质配合噪波贴图、衰减贴图、遮罩贴图和平面镜贴图制作白天水面效果，在"遮罩参数"卷展栏中添加衰减贴图和平面镜贴图，是一种设置水面倒影的方法。

055 镂空贴图人物

应用领域：建筑动画

技术要点：
使用3ds Max标准材质和方向约束制作镂空贴图人物

思路分析：
标准材质+方向约束+参数设置

难度系数： ★★★☆☆

材质文件\J\055

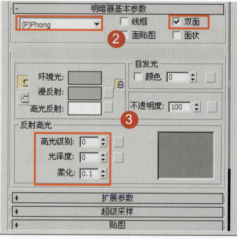

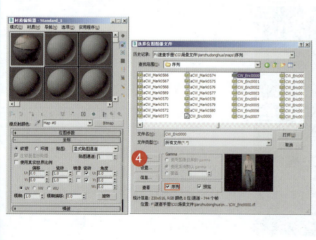

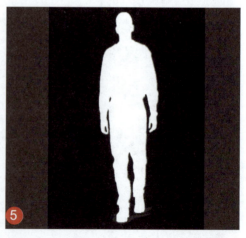

1：打开场景文件
2：设置明暗器类型，勾选"双面"复选框
3：设置反射高光参数
4：选择贴图序列
5：贴图通道效果

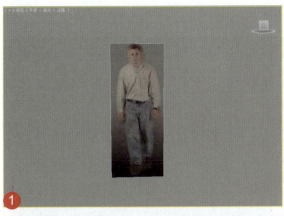

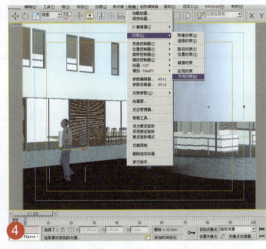

1：拖动时间滑块，观察效果
2：将人物面片放入场景中渲染后的效果
3：重新创建人物面片并赋予贴图
4：选择一个人物面片物体，执行"动画"→"约束"→"方向约束"命令
5：场景最终渲染效果

分析点评：
本例主要使用3ds Max的标准材质方向约束来制作镂空贴图人物。其中，使用方向约束的目的是使人物面片始终面向摄像机镜头。

056 大海沙滩

应用领域：建筑动画

技术要点：
使用VRay材质和标准材质制作大海沙滩材质

思路分析：
VRay材质+标准材质+衰减贴图+烟雾贴图+海浪贴图+参数设置

难度系数： ★★★★☆

 材质文件\J\056

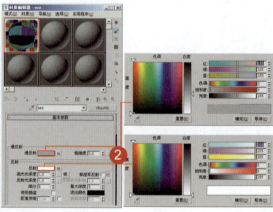

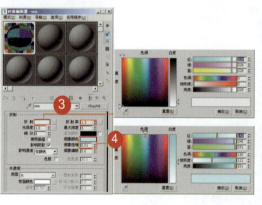

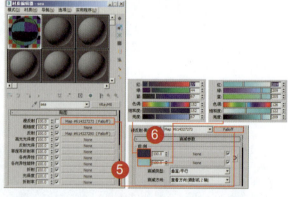

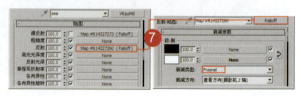

1：打开场景文件
2：设置海水材质，设置漫反射和反射颜色
3：设置折射颜色和折射率
4：设置烟雾颜色和烟雾倍增
5：在漫反射通道添加衰减贴图
6：设置衰减颜色
7：在反射通道添加衰减贴图，设置衰减类型

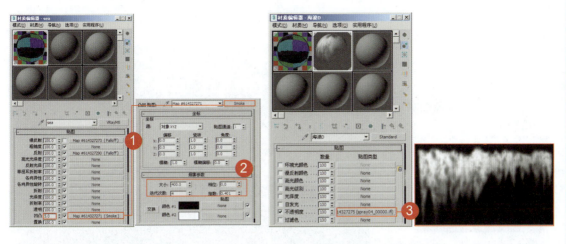
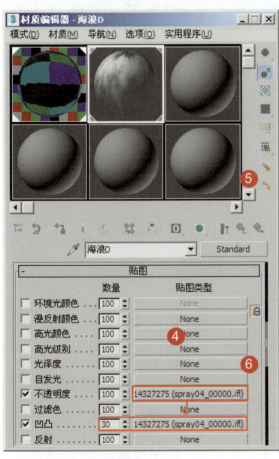

1：在凹凸通道添加烟雾贴图
2：设置"烟雾参数"卷展栏参数
3：在不透明度通道添加海浪贴图
4：将不透明度通道贴图复制到凹凸通道中
5：场景渲染效果
6：场景渲染效果

分析点评：

本例主要使用VRay材质和标准材质配合衰减贴图、烟雾贴图和海浪贴图制作海水和浪花材质。浪花材质的制作主要是在不透明度通道和凹凸通道添加贴图，比较简单。

103

057 船舶水面拖尾

应用领域：建筑动画

技术要点：
使用标准材质制作船舶水面拖尾材质

思路分析：
标准材质+参数设置

难度系数： ★★★☆☆

材质文件\J\057

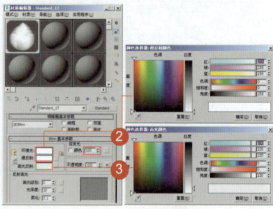

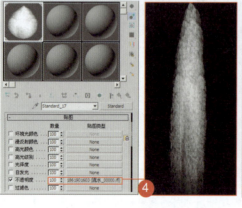

1：打开场景文件
2：设置水面拖尾颜色
3：设置高光反射颜色
4：在不透明度通道添加贴图
5：将不透明度通道贴图复制到凹凸通道中
6：场景渲染效果

分析点评：
本例制作的船舶水面拖尾材质，主要是通过在标准材质的不透明度通道和凹凸通道添加贴图来完成的。

金属材质——058~070

使用VRay渲染器表现金属材质其实并不难，其调整方法不仅简洁，而且渲染速度相比其他渲染器更快，可以说表现金属材质是该渲染器的强大优势之一。

058 不锈钢材质

应用领域：陈设品装饰

技术要点：
通过设置高光光泽度和反射光泽度，以及调节各向异性参数来表现不锈钢材质的高光特性

思路分析：
设置材质的基本参数+设置各向异性效果

难度系数：★★☆☆☆

 材质文件\JJ\058

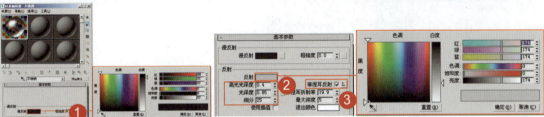

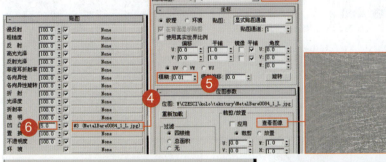

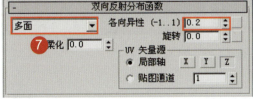

1：设置漫反射颜色
2：设置反射颜色和反射参数
3：勾选"菲涅耳反射"复选框
4：在凹凸通道添加贴图
5：设置位图参数
6：设置凹凸通道的贴图强度
7：设置各向异性类型和参数
8：最终材质球效果

扩展案例\金属1

分析点评：
本例使用VRay材质制作了不锈钢材质。使用反射参数表现了不锈钢材质的表面光泽质感；为了使不锈钢材质表面的高光更加明亮，设置了各向异性效果。

J 金属材质

059 黄金材质

应用领域：陈设品装饰

技术要点：
通过设置高光光泽度和光泽度参数来模拟材质表面的反射和高光效果

思路分析：
设置漫反射颜色+设置反射和高光效果

难度系数： ★★☆☆☆

 材质文件\JJ\059

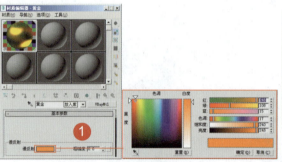

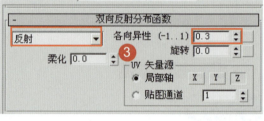

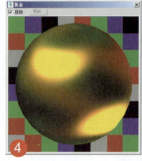

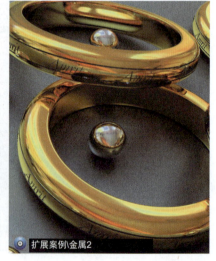

扩展案例金属2

1：设置漫反射颜色
2：设置反射颜色和反射参数
3：设置各向异性类型和参数
4：最终材质球效果
5：最终渲染效果

分析点评：
本例使用VRay材质制作了黄金材质。设置漫反射颜色为黄色，这是黄金的颜色；同时在"反射"选项组中设置了反射颜色和反射参数，用来表现黄金的反射和高光效果，这是表现黄金材质的重要环节。

060 铝合金材质

应用领域：陈设品装饰

技术要点：
通过调节反射强度、高光光泽度和反射光泽度来制作铝合金材质的反射和高光效果

思路分析：
设置漫反射颜色+设置反射和高光效果

难度系数： ★★☆☆☆

材质文件\JJ\060

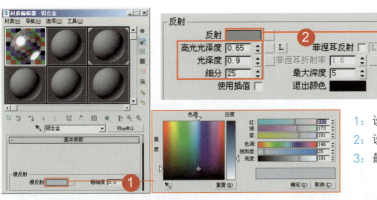

1：设置漫反射颜色
2：设置反射颜色和反射参数
3：最终材质球效果

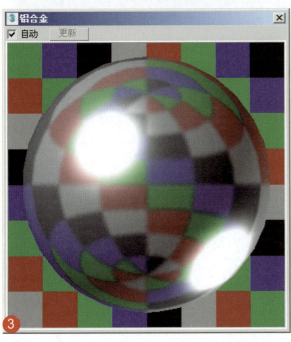

扩展案例\金属3

分析点评：
本例使用VRay材质制作了铝合金材质。使用漫反射颜色模拟铝合金的基本颜色，此处设置为浅蓝色；同时通过设置反射颜色和光泽度表现了铝合金的高光效果。

061 白银材质

应用领域：陈设品装饰

技术要点：
通过设置反射强度、光泽度及各向异性的高光类型来表现白银材质的质感

思路分析：
设置漫反射颜色+设置各向异性效果

难度系数： ★★☆☆☆

材质文件\JJ\061

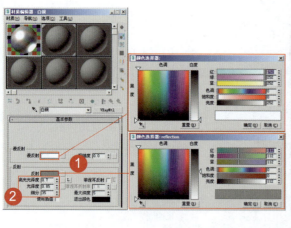

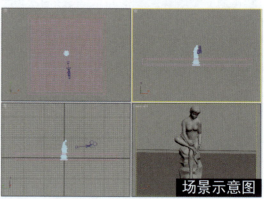

场景示意图

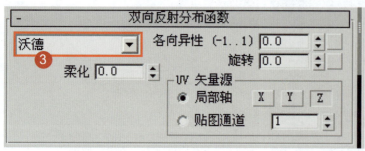

扩展案例\金属4

1：设置漫反射和反射颜色
2：设置反射参数
3：设置各向异性类型

分析点评：
本例使用VRay材质制作了白银材质。首先，由于白银的表面颜色有些发白，因此将漫反射颜色设置为白色；其次，白银具有较亮的高光和反射效果，为了重点表现光泽效果，在材质中设置了各向异性效果，这样表面的光泽度会更加显著，更能表现白银材质的质感。

062 磨砂金属材质

应用领域：陈设品装饰

技术要点：
通过调整材质的反射光泽度和细分值来产生模糊反射效果

思路分析：
设置材质的基本参数+设置各向异性效果

难度系数： ★★☆☆☆

材质文件\JJ\062

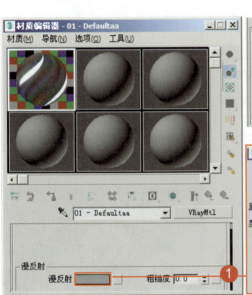

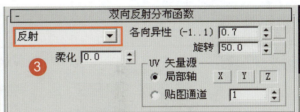

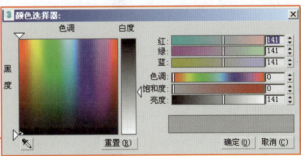

扩展案例\金属5

1：设置漫反射颜色
2：设置反射颜色和反射参数
3：设置各向异性类型

分析点评：
本例使用VRay材质制作了磨砂金属材质。由于磨砂金属的表面经过了打磨处理，其反射效果比较模糊，有颗粒感。通过设置反射颜色来表现材质表面的光泽效果；通过设置反射光泽度来表现材质表面的模糊反射效果；通过设置各向异性效果来使材质表面的高光更加闪亮。

063 锈痕金属材质

应用领域：陈设品装饰

技术要点：
通过在反射通道和凹凸通道添加贴图来制作锈痕金属材质

思路分析：
设置生锈部分材质+设置光泽金属材质+设置凹凸贴图

难度系数： ★★☆☆☆

 材质文件\J\J\063

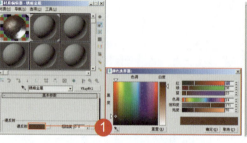

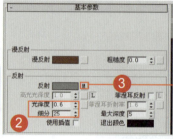

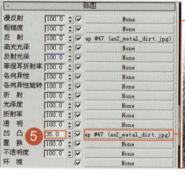

1：设置漫反射颜色
2：设置反射参数
3：在反射通道添加贴图
4：在凹凸通道添加贴图
5：设置凹凸通道的贴图强度
6：最终材质球效果

分析点评：
本例使用VRay材质制作了锈痕金属材质。这种金属的表面带有比较强的凹凸感。在设置锈痕金属材质时，我们使用了Blend（混合）材质。需要注意的是，Blend材质只是其他材质的组合，本身不能解决材质的任何属性。Blend材质的优势在于利用材质库或场景中已有的材质，通过重新组合来表现一些表面材质多样的物体。

064 镂空金属网材质

应用领域：陈设品装饰

技术要点：
通过在高光光泽度通道、凹凸通道和不透明度通道添加贴图来表现镂空金属网材质的质感

思路分析：
设置生锈部分材质+设置凹凸效果+设置透明质感

难度系数： ★★☆☆☆

材质文件\JJ\064

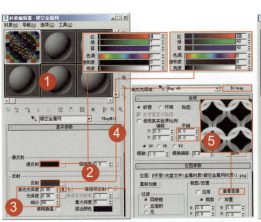

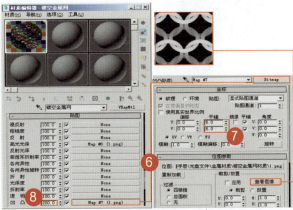

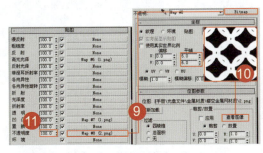

1：建立一个新材质球
2：设置漫反射和反射颜色
3：设置反射参数
4：在高光光泽度通道添加贴图
5：设置位图参数
6：在凹凸通道添加贴图
7：设置位图参数
8：设置凹凸通道的贴图强度
9：在不透明度通道添加贴图
10：设置位图参数
11：设置不透明度通道的贴图强度

扩展案例金属8

分析点评：
本例使用VRay材质制作了镂空金属网材质。该材质的表面具有光泽效果，可以通过设置反射参数来表现此质感。最重要的设置环节为实现镂空效果，为了达到这个效果，本例使用凹凸通道贴图和不透明度通道贴图来表现镂空质感。其中，在不透明度通道中，黑色部分表示透明，白色部分表示不透明。

J 金属材质

065 铸铁拉丝材质

应用领域：陈设品装饰

技术要点：
通过设置反射颜色和反射光泽度来表现材质的高光效果；通过在凹凸通道添加混合贴图和噪波贴图来表现材质的拉丝质感

思路分析：
设置生锈部分材质+设置拉丝质感+设置各向异性效果

难度系数：★★☆☆☆ 材质文件\JJ\065

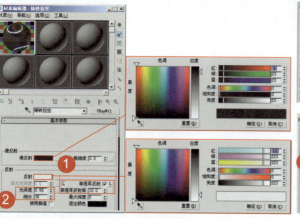

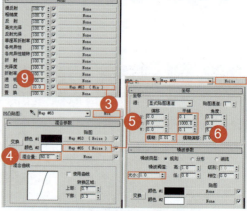

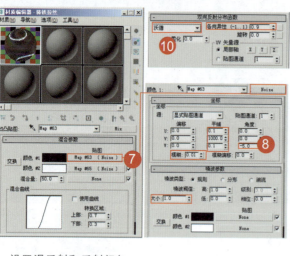

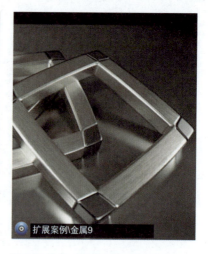

1：设置漫反射和反射颜色
2：设置反射参数
3：在凹凸通道添加混合贴图
4：设置混合量
5：在混合贴图的颜色2通道添加噪波贴图
6：设置平铺值、模糊值和噪波大小
7：在混合贴图的颜色1通道添加噪波贴图
8：设置平铺值、模糊值和噪波大小
9：设置凹凸通道的贴图强度
10：设置各向异性类型和参数

分析点评：
本例使用VRay材质制作了铸铁拉丝材质。该材质具有较好的高光和反射效果，最主要的是其表面具有拉丝效果，为了表现此效果，通过在凹凸通道添加混合贴图来表现材质的拉丝质感。

066 钛金属材质

应用领域：陈设品装饰

技术要点：
通过设置反射颜色和反射光泽度来表现钛金属的表面光泽；通过设置各向异性参数来表现钛金属的高光效果

思路分析：
设置金属漆材质+设置各向异性效果

难度系数：★★☆☆☆

DVD：材质文件\JJ\066

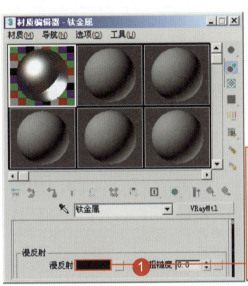

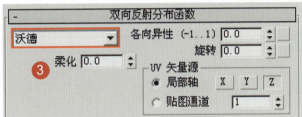

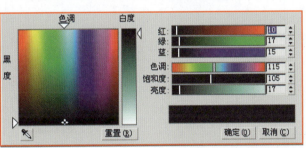

1：设置漫反射颜色
2：设置反射颜色和反射参数
3：设置各向异性类型

分析点评：
本例使用VRay材质制作了钛金属材质。钛金属具有较强的高光和微弱的反射效果，这使得其具有较低的模糊反射参数。为了加强高光的表现效果，在各向异性中使用了沃德高光类型，使得高光更具亮感。

067 亮度铬材质

应用领域：陈设品装饰

技术要点：
通过调节材质的反射颜色、高光光泽度、光泽度及各向异性类型来表现材质的光泽质感

思路分析：
设置金属漆材质+设置各向异性效果

难度系数： ★★☆☆☆

 材质文件\JJ\067

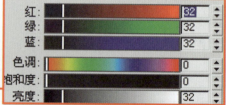
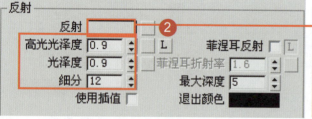

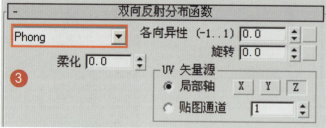

1：设置漫反射颜色
2：设置反射颜色和反射参数
3：设置各向异性类型

分析点评：
本例使用VRay材质制作了亮度铬材质。该材质的特征是其表面具有强烈的高光和反射效果，此材质的设置方法与不锈钢材质的设置方法相似。

扩展案例\金属12

068 拉丝螺母材质

应用领域：陈设品装饰

技术要点：
通过调节材质的反射强度和高光光泽度，以及设置各向异性类型来表现材质的光泽质感；通过在凹凸通道添加黑白贴图来表现材质的拉丝质感。

思路分析：
设置基本参数+设置拉丝质感+设置各向异性效果

难度系数： ★★☆☆☆

材质文件\JJ\068

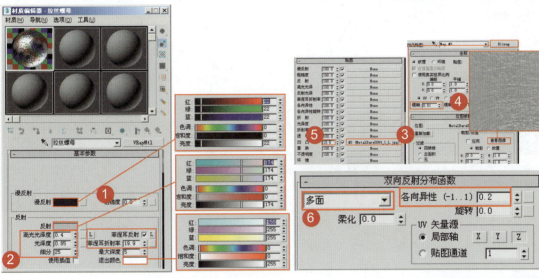

1：设置漫反射颜色
2：设置反射颜色和反射参数
3：在凹凸通道添加贴图
4：设置位图参数
5：设置凹凸通道的贴图强度
6：设置各向异性类型和参数
7：最终材质球效果

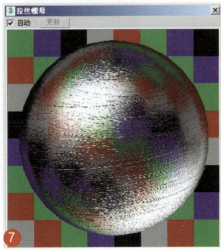

扩展案例\金属13

分析点评：
本例使用VRay材质制作了拉丝螺母材质。该材质的特征是其表面具有强烈的高光和反射效果。为了表现材质表面的拉丝质感，本例通过在凹凸通道添加贴图来表现此效果。这种材质的设置方法是制作一般金属材质的常用方法，只是在反射和高光方面有所不同。

069 漏勺网材质

应用领域：陈设品装饰

技术要点：
通过在漫反射通道、光泽度通道、凹凸通道及不透明度通道添加渐变坡度贴图来表现漏勺网材质效果

思路分析：
设置基本参数+设置凹凸质感+设置透明效果

难度系数：★★★☆☆

 材质文件\J\\069

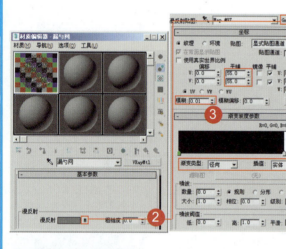

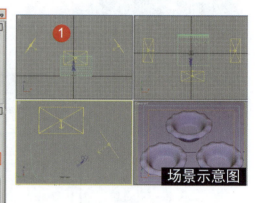

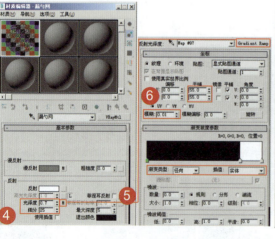

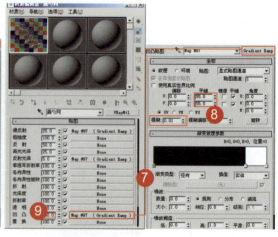

1：在场景中创建3盏面光源
2：在漫反射通道添加渐变坡度贴图
3：设置渐变坡度参数
4：设置反射参数
5：在光泽度通道添加渐变坡度贴图
6：设置渐变坡度参数
7：在凹凸通道添加渐变坡度贴图
8：设置渐变坡度参数
9：设置凹凸通道的贴图强度

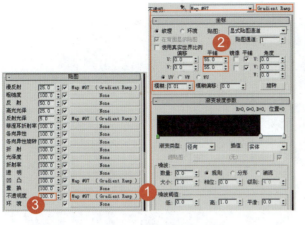
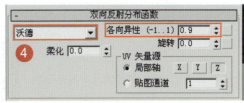

1：在不透明度通道添加渐变坡度贴图
2：设置渐变坡度参数
3：设置凹凸通道的贴图强度
4：设置各向异性类型和参数
5：最终材质球效果
6：最终渲染效果

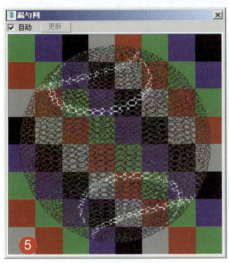

扩展案例\金属14

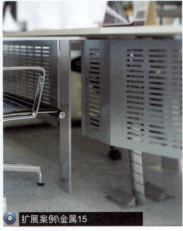

扩展案例\金属15

扩展案例\金属16

分析点评：
本例使用VRay材质制作了漏勺网材质。漏勺网以网格形状为主，并且其表面具有强烈的高光和反射效果。本例使用渐变坡度贴图结合平铺值来表现网格效果，同时通过在凹凸通道和不透明度通道添加渐变坡度贴图来表现网格的透明性。

J 金属材质

070 白锡纸材质

应用领域：陈设品装饰

技术要点：
通过调节材质的反射强度、高光光泽度及各向异性类型来表现材质的光泽质感；通过在凹凸通道添加贴图来表现材质的凹凸质感。

思路分析：
设置基本参数+设置凹凸质感+设置各向异性效果

难度系数：★★☆☆☆

 材质文件\JJ\070

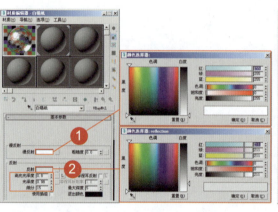

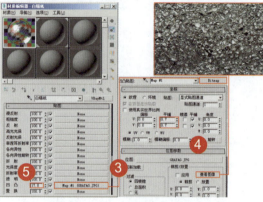

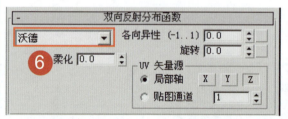

1：设置漫反射颜色
2：设置反射颜色和反射参数
3：在凹凸通道添加贴图
4：设置位图参数
5：设置凹凸通道的贴图强度
6：设置各向异性类型

分析点评：
本例使用VRay材质制作了白锡纸材质。该材质表面的高光和反射效果特别明显；在该材质表面具有凹凸质感，这是锡纸材质的特征之一，只不过凹凸的程度不是很高。另外，为了使材质表面的高光更加显著，本例使用了沃德高光类型，这种高光类型使得材质表面的高光异常明亮。

DVD\扩展案例\金属17

卡通材质——071

目前，利用3ds Max制作二维卡通效果主要有两种方法：一种是利用3ds Max中固有的Ink'n Paint（3ds Max卡通）材质；另一种是利用VRay Toon（VRay卡通）环境设置为模型添加二维卡通效果。

071 3ds Max卡通材质

应用领域：陈设品装饰

技术要点：
利用Ink'n Paint材质制作卡通材质

思路分析：
设置填色效果+设置衰减贴图

难度系数： ★★★☆☆

材质文件\K\071

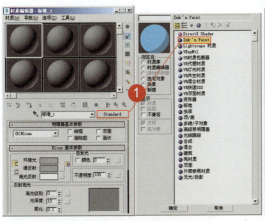

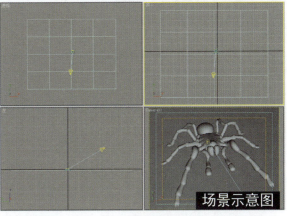

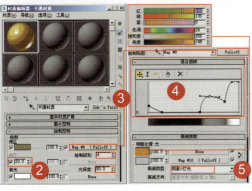

1：设置材质类型为Ink'n Paint材质
2：在"绘制控制"卷展栏中设置参数
3：在亮区通道添加衰减贴图
4：调节衰减贴图的混合曲线
5：设置衰减贴图的明暗处理通道颜色和衰减类型
6：在衰减贴图的光通道添加衰减贴图
7：设置衰减混合曲线
8：设置衰减颜色

K 卡通材质

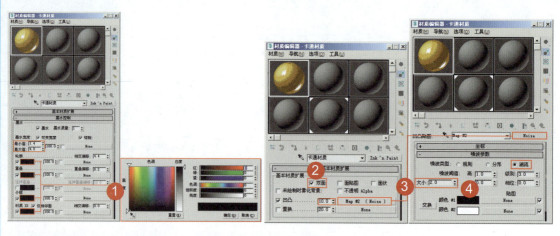

1：在"墨水控制"卷展栏设置参数和颜色
2：在"基本材质扩展"卷展栏中勾选"双面"复选框
3：在凹凸通道添加贴图
4：设置噪波大小
5：最终材质球效果
6：最终渲染效果

分析点评：

本例讲述了如何利用Ink'n Paint材质制作卡通材质。Ink'n Paint材质是3ds Max自带的专门用于制作NPR渲染效果的材质，与程序贴图模拟的NPR效果相比，Ink'n Paint材质最大的特点在于它的线框效果，Ink'n Paint材质可以在物体的结构区域产生非常平滑的线框轮廓，甚至可以分别调节物体的内部和交叉区域的线框，是一个非常简单实用的NPR渲染工具。

矿石材质——072~081

矿石是矿物集合体。在现代技术经济条件下，能以工业规模从矿物中提取金属或其他产品。矿石原先是指从金属矿床中开采出来的固体物质，现已扩大到形成后堆积在母岩中的硫黄、萤石和重晶石之类的非金属矿物。

072 钻石材质

应用领域：陈设品装饰

技术要点：
通过设置反射颜色和在折射通道添加衰减贴图来表现钻石的光泽度；通过激活"焦散"卷展栏来表现钻石材质的焦散效果

思路分析：
设置漫反射和反射效果+设置折射参数+设置焦散效果

难度系数：★★☆☆☆　材质文件\KK\072

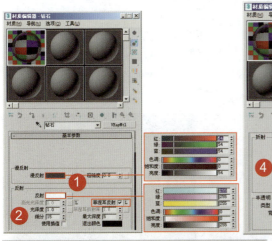

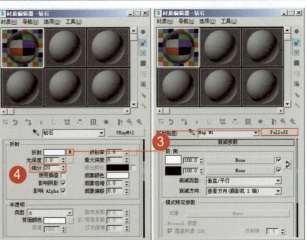

◎ 扩展案例矿石1

分析点评：
本例使用VRay材质制作钻石材质。钻石材质具有极高的反射效果，从而产生很高的亮度；同时具有无色透明、结晶良好的光学性质。另外，色散效果也是钻石的一大特点。为了表现以上的材质特征，需要从反射、折射及焦散方面进行整体的参数调节。

1：设置漫反射和反射颜色
2：设置反射参数并勾选"菲涅耳反射"复选框
3：在折射通道添加衰减贴图
4：设置细分值
5：打开渲染器面板，激活"焦散"卷展栏

073 杂质金矿材质

应用领域：环境装饰

技术要点：
在混合材质中将金属矿物材质和石头材质进行混合，然后使用凹凸贴图来表现杂质金矿材质的表面质感

思路分析：
设置金属矿物材质+设置石头材质+设置凹凸贴图

难度系数： ★★☆☆☆

 材质文件\KK\073

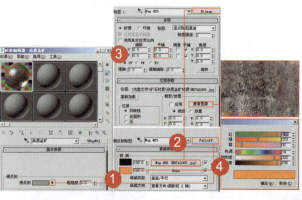

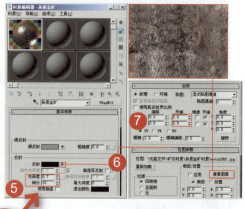

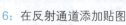

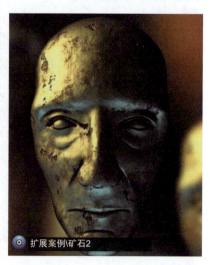

1：在漫反射通道添加衰减贴图
2：在衰减贴图的前通道添加贴图
3：设置位图参数
4：设置衰减贴图的侧通道的颜色
5：设置反射参数
6：在反射通道添加贴图
7：设置位图参数
8：在凹凸通道添加贴图
9：设置凹凸通道的贴图强度

扩展案例\矿石2

分析点评：
本例使用混合材质制作了杂质金矿材质。材质的表面由金属矿物材质和石头材质组成，本例使用混合材质让这两种材质通过凹凸贴图进行混合，制作出高质量的杂质金矿材质。

074 绿松石材质

应用领域：陈设品装饰

技术要点：
通过在反射通道添加衰减贴图来表现材质的反射效果；通过设置折射颜色和半透明参数来表现绿松石的透明质感

思路分析：
设置漫反射和反射颜色+设置透明效果+设置各向异性效果

难度系数： ★★★☆☆

材质文件\KK\074

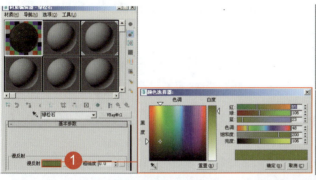

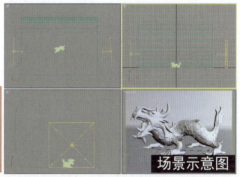

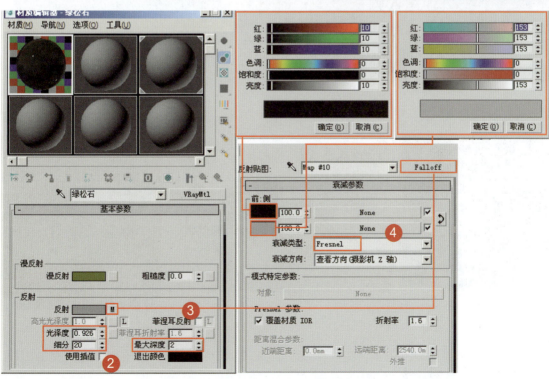

1：设置漫反射颜色　2：设置反射参数　3：在反射通道添加衰减贴图　4：设置衰减颜色和衰减类型

K 矿石材质

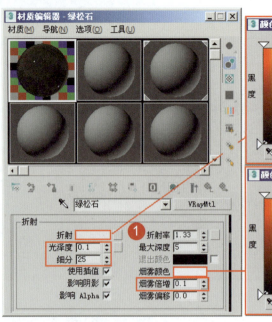
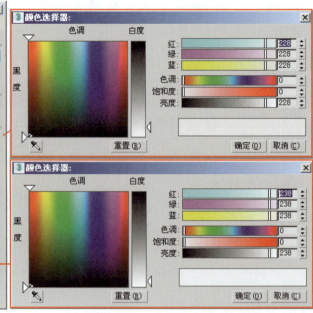

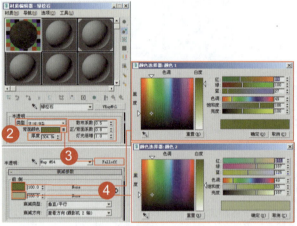
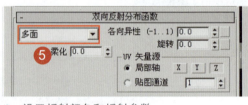

1：设置折射颜色和折射参数
2：设置半透明类型和参数
3：在背面颜色通道添加衰减贴图
4：设置衰减颜色
5：设置高光模式
6：最终材质球效果
7：最终渲染效果

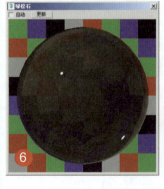

分析点评：
本例使用VRay材质制作绿松石材质。该材质具有较强的高光和反射效果，同时具有半透明性，为了表现这个效果，可以使用半透明参数进行模拟，这是该材质最大的特点。

075 杂花玉石材质

应用领域：陈设品装饰

技术要点：
在混合材质中使用遮罩贴图制作杂花玉石材质

思路分析：
设置红色玉石材质+设置深红色玉石材质+设置遮罩贴图

难度系数： ★★★★☆

 材质文件\KK\075

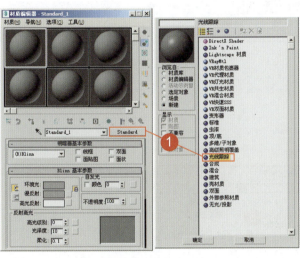

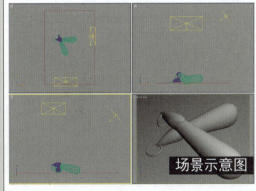

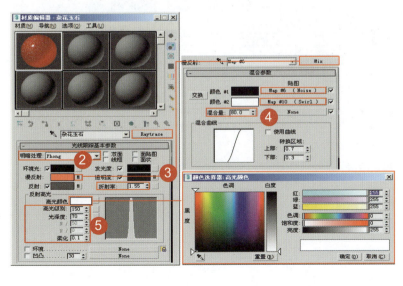

1：设置材质类型为光线跟踪材质
2：设置明暗处理类型
3：在漫反射通道添加混合贴图
4：设置混合量
5：设置反射高光的高光颜色和高光参数

K 矿石材质

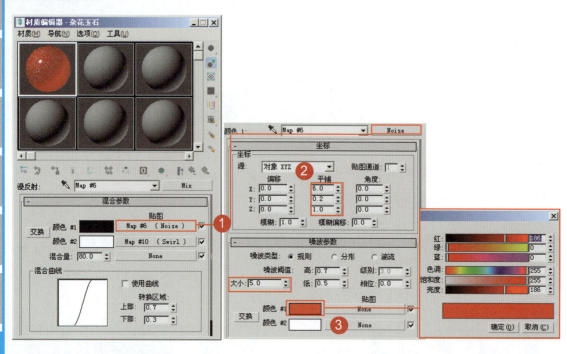

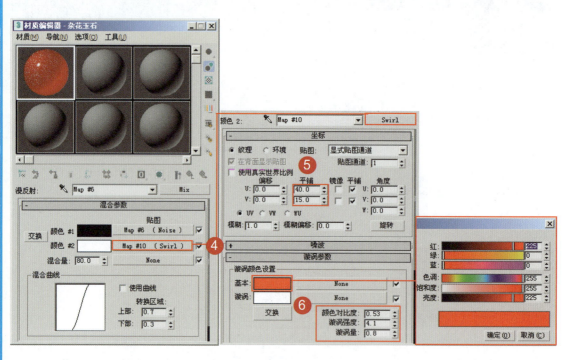

1：在混合贴图的颜色1通道添加噪波贴图
2：设置平铺值和噪波大小
3：在"噪波参数"卷展栏中修改颜色1通道的颜色
4：在混合贴图的颜色2通道添加漩涡贴图
5：设置漩涡贴图参数
6：设置漩涡基本颜色和参数

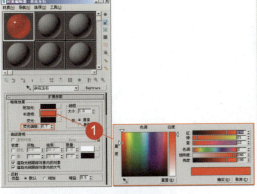
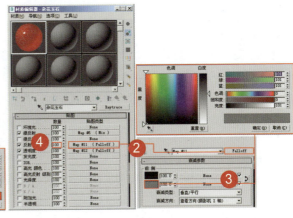
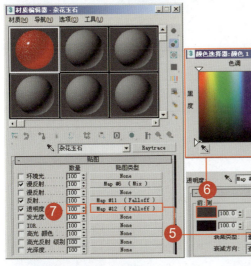
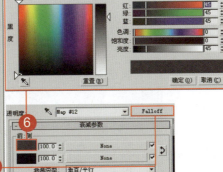
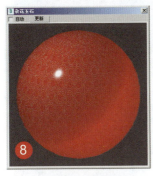

1：返回光线跟踪材质层，在"扩展参数"卷展栏中设置半透明颜色和荧光偏移参数
2：在反射通道添加衰减贴图
3：设置衰减贴图的侧通道颜色
4：设置反射通道的贴图强度
5：在透明度通道添加衰减贴图
6：设置衰减贴图的前通道颜色
7：设置透明度通道的贴图强度
8：最终材质球效果
9：最终渲染效果

分析点评：
本例使用VRay材质制作杂花玉石材质。杂花玉石材质具有极好的装饰效果，同时具有半透明结晶的特性，而且玉石上的斑纹效果是杂花玉石的一大特点。为了表现以上的材质特性，需要从反射、折射及贴图方面进行调节。

076 云母颗粒材质

应用领域：陈设品装饰

技术要点：
通过在混合材质中设置透明材质来表现云母的透明质感；通过在混合材质中添加凹痕贴图来表现云母材质中的杂质效果

思路分析：
设置颗粒质感＋设置光泽效果＋设置凹痕贴图

难度系数：★★★★☆

 材质文件\KK\076

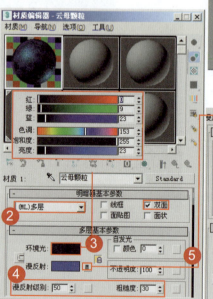

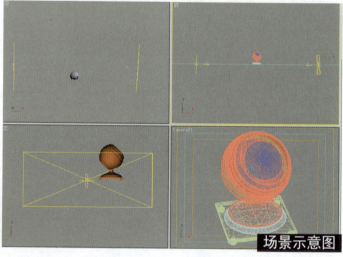

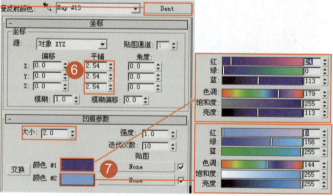

场景示意图

1：混合材质的组成部分
2：设置明暗器类型
3：设置环境光颜色
4：在"多层基本参数"卷展栏中设置参数
5：在漫反射通道添加凹痕贴图
6：设置凹痕贴图参数
7：设置交换颜色

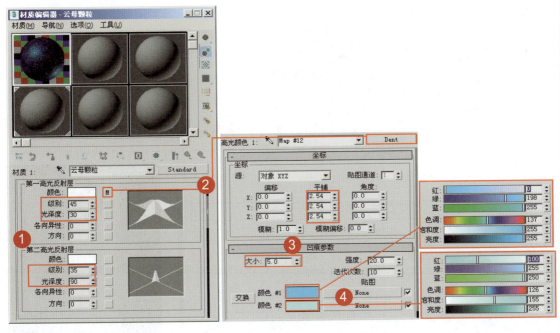

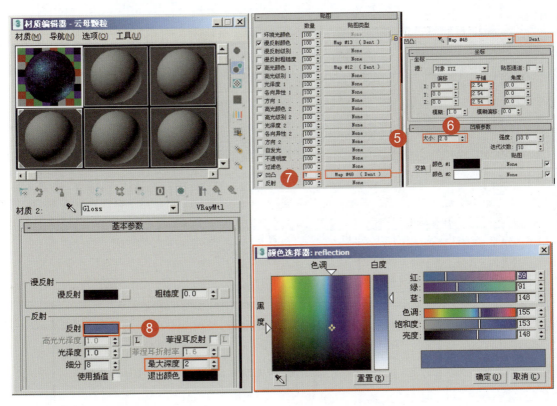

1：设置第一高光和第二高光反射层参数
2：在第一高光反射层的颜色通道添加凹痕贴图
3：设置凹痕贴图参数
4：设置交换颜色
5：在凹凸通道添加凹痕贴图
6：设置凹痕贴图参数
7：设置凹凸通道的贴图强度
8：回到混合材质层，选择材质2，设置反射颜色和反射参数

K 矿石材质

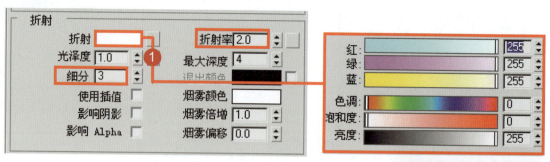

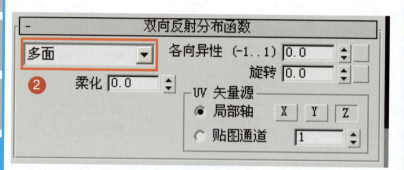

扩展案例\矿石6

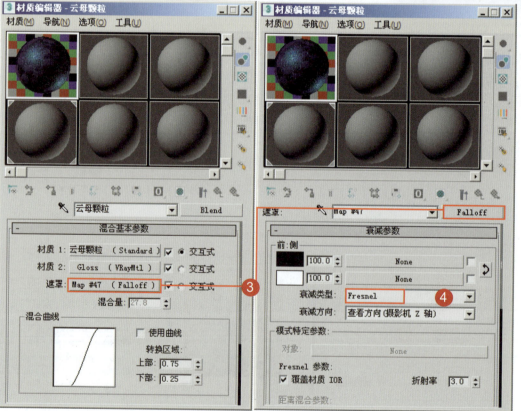

1：设置折射颜色和折射参数　　3：在遮罩通道添加衰减贴图
2：设置各向异性类型　　　　　4：设置衰减类型

分析点评：
本例使用混合材质制作云母颗粒材质。在制作过程中，凹痕贴图起到了重要作用。凹痕贴图是3D程序贴图，在扫描线渲染过程中，可以根据凹痕的分形噪波产生随机图案。图案的效果取决于图案类型。

077 白水晶材质

应用领域：陈设品装饰

技术要点：
通过设置反射颜色来表现水晶的反射效果；通过设置折射和烟雾颜色来表现水晶的透明效果和高光颜色；通过在凹凸通道添加贴图来表现水晶的表面纹理质感

思路分析：
设置漫反射和反射参数+设置折射和烟雾颜色+设置纹理和各向异性效果

难度系数： ★★☆☆

材质文件\KK\077

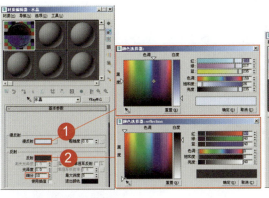

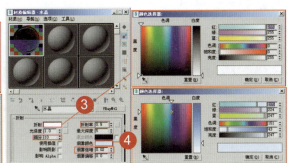

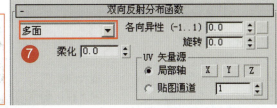

1：设置漫反射颜色
2：设置反射颜色和反射参数
3：设置折射颜色和折射参数
4：设置烟雾颜色和烟雾倍增
5：在凹凸通道添加贴图
6：设置凹凸通道的贴图强度
7：设置各向异性类型

分析点评：
本例使用VRay材质制作白水晶材质。通过设置反射参数和各向异性效果来表现水晶表面的色泽和高光效果；通过设置折射和烟雾颜色来表现水晶的透明效果和高光颜色。

扩展案例\矿石8

078 夜明珠材质

应用领域：陈设品装饰

技术要点：
通过在漫反射通道添加渐变贴图来表现材质表面颜色的变化效果；通过设置折射参数来表现材质的半透明质感

思路分析：
设置漫反射和反射参数+设置材质的半透明质感

难度系数：★★★☆☆

材质文件\KK\078

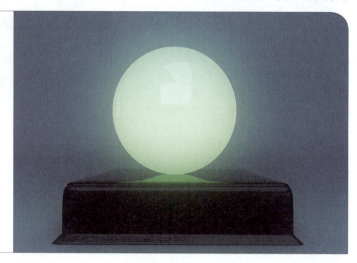

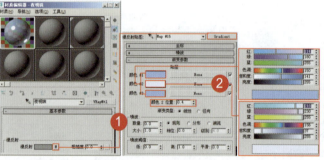
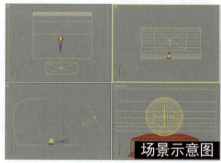

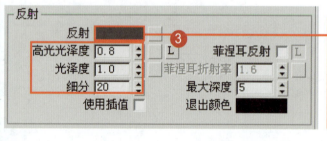
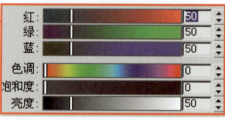

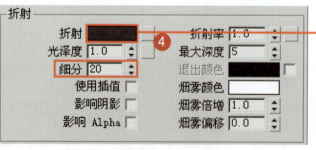
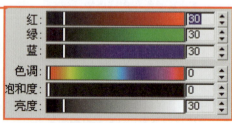

1：在漫反射通道添加渐变贴图
2：在"渐变参数"卷展栏中设置渐变颜色和参数
3：设置反射颜色和反射参数
4：设置折射颜色和折射参数

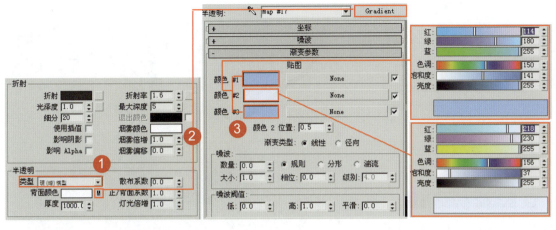

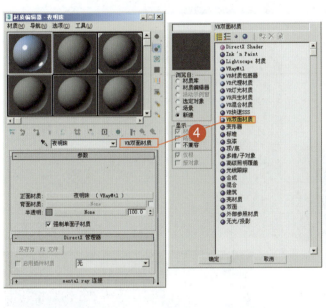

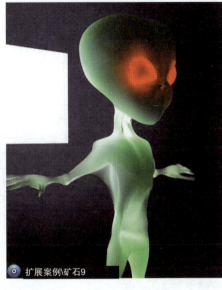

1：设置半透明类型
2：在背面颜色通道添加渐变贴图
3：设置渐变贴图的颜色和参数
4：给制作好的材质添加一个VR双面材质
5：最终材质球效果
6：最终渲染效果

分析点评：

本例使用VRay材质制作夜明珠材质。现实中的夜明珠具有高光和反射效果，在夜晚会自发光，并且表面晶莹剔透，具有玉石般的色泽。所以根据上述特征，可以通过在材质编辑器中调节反射、折射及半透明参数来表现材质的真实质感。

079 碎石材质

应用领域：陈设品装饰

技术要点：
通过在凹凸通道和置换通道添加贴图来表现碎石材质的凹凸效果

思路分析：
设置基本参数+设置凹凸质感

难度系数： ★★☆☆☆

材质文件\KK\079

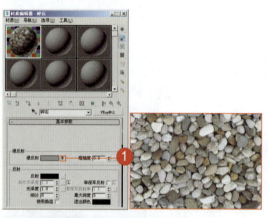

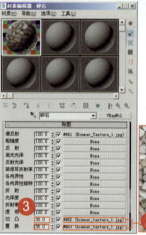

场景示意图

扩展案例\矿石10

1：在漫反射通道添加贴图
2：在凹凸通道和置换通道分别添加贴图
3：设置凹凸通道和置换通道的贴图强度

分析点评：
本例使用VRay材质制作碎石材质。通过在凹凸通道和置换通道添加贴图来表现碎石材质的凹凸质感。

080 火山矿石材质

应用领域：环境装饰

技术要点：
在标准材质中运用混合贴图和衰减贴图来制作火山矿石材质

思路分析：
设置基本参数+设置自发光效果+设置表面的凹凸质感

难度系数： ★★★★★

材质文件\KK\080

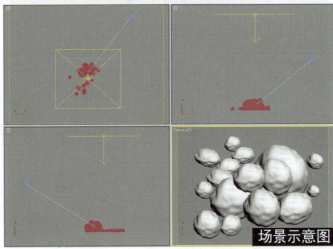

1：设置明暗器类型
2：设置反射高光参数
3：在漫反射通道添加混合贴图
4：在混合贴图的颜色1通道添加噪波贴图
5：设置噪波大小
6：设置交换颜色

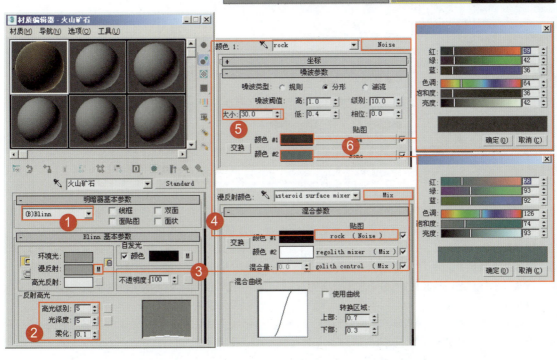

K 矿石材质

1：在混合贴图的颜色2通道添加第二个混合贴图
2：在第二个混合贴图的颜色1通道添加噪波贴图
3：设置噪波大小
4：设置交换颜色
5：在第二个混合贴图的颜色2通道添加噪波贴图
6：设置噪波大小和颜色
7：在噪波贴图的颜色2通道继续添加噪波贴图
8：设置噪波大小和交换颜色
9：返回第一个混合贴图的材质层，在遮罩通道添加第三个混合贴图
10：在第三个混合贴图的颜色1通道添加输出贴图
11：在输出贴图的贴图通道添加第四个混合贴图
12：在第四个混合贴图的混合量通道添加泼溅贴图
13：设置泼溅大小
14：在泼溅贴图的颜色2通道添加噪波贴图
15：设置噪波大小

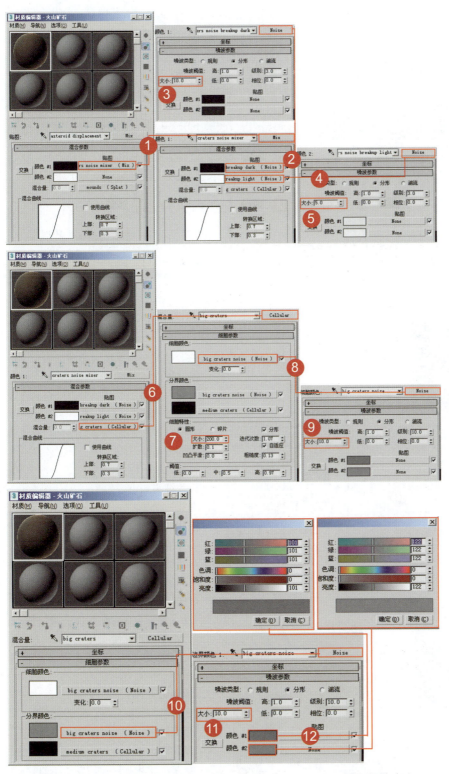

1：在第四个混合贴图的颜色1通道添加第五个混合贴图
2：在第五个混合贴图的颜色1通道添加噪波贴图
3：设置噪波大小
4：在第五个混合贴图的颜色2通道添加噪波贴图
5：设置噪波大小
6：在第二个混合贴图的混合量通道添加细胞贴图
7：设置细胞大小
8：在细胞颜色通道添加噪波贴图
9：设置噪波大小
10：在分界颜色的灰色通道添加噪波贴图
11：设置噪波大小
12：设置噪波交换颜色

K 矿石材质

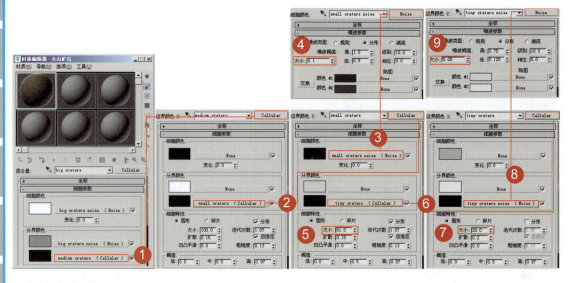

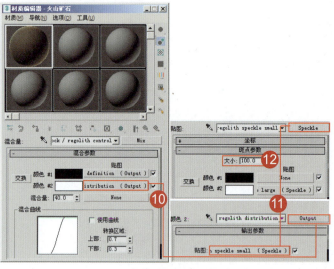

1：在分界颜色的黑色通道添加第二个细胞贴图
2：在第二个细胞贴图的分界颜色黑色通道添加第三个细胞贴图
3：在第三个细胞贴图的细胞颜色通道添加噪波贴图
4：设置噪波大小
5：设置细胞大小
6：在第三个细胞贴图的分界颜色黑色通道添加第四个细胞贴图
7：设置细胞大小
8：在第四个细胞贴图的分界颜色黑色通道添加噪波贴图
9：设置噪波大小
10：返回第三个混合贴图，在其颜色2通道添加输出贴图
11：在输出贴图的贴图通道添加斑点贴图
12：设置斑点大小
13：在斑点贴图的颜色2通道添加第二个斑点贴图
14：设置斑点大小
15：在第二个斑点贴图的颜色2通道添加噪波贴图
16：设置噪波大小

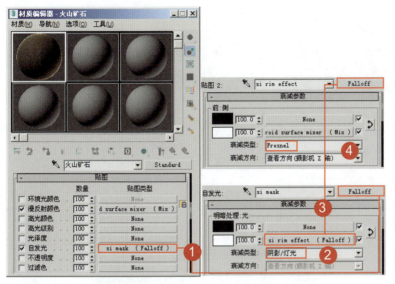

1：返回材质层的最上层，在自发光通道添加衰减贴图
2：设置衰减类型
3：在衰减贴图的光通道添加第二个衰减贴图
4：设置第二个衰减贴图的衰减类型
5：在第二个衰减贴图的侧通道添加第六个混合贴图
6：在第六个混合贴图的颜色1通道添加噪波贴图
7：设置噪波大小
8：设置噪波的交换颜色
9：在混合贴图的颜色2通道添加第七个混合贴图
10：设置混合量
11：在第七个混合贴图的颜色1通道添加噪波贴图
12：设置噪波大小
13：在第七个混合贴图的颜色2通道添加噪波贴图
14：设置噪波大小
15：在噪波贴图的颜色2通道添加噪波贴图
16：设置噪波大小

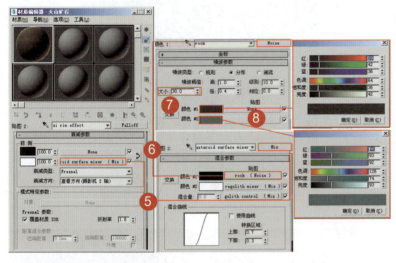

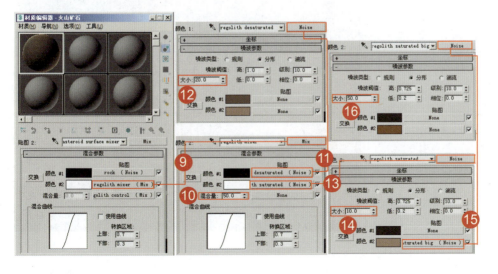

K 矿石材质

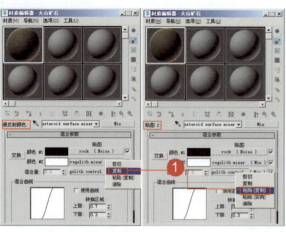
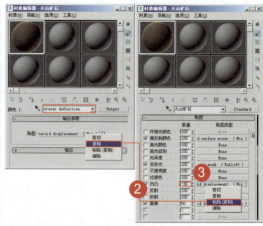
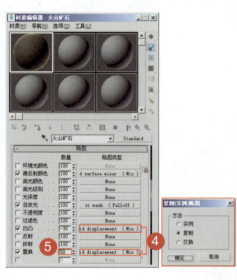
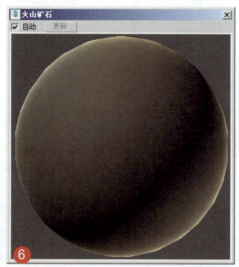

1：将漫反射通道中的第一个混合材质层的混合贴图复制、粘贴到衰减贴图的相同位置上
2：将漫反射通道中crater definition材质层的混合贴图复制、粘贴到材质层最上层的凹凸通道中
3：设置凹凸通道的贴图强度
4：将凹凸通道的混合贴图复制到置换通道中
5：设置置换通道的贴图强度
6：最终材质球效果

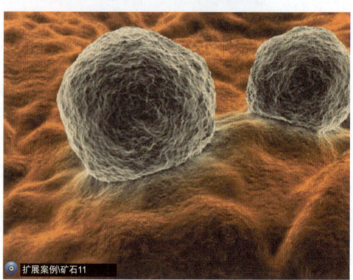

分析点评：
本例使用标准材质制作火山矿石材质。火山矿石是一种复杂的材质效果，其表面颜色为土灰色，颜色的渐变效果比较显著；同时在矿石的表面具有凹凸不平的坑洞。这些特征决定了在制作此材质时，设置置换贴图是必不可少的部分。

081 大理石材质

应用领域：家具装饰

技术要点：
通过在反射通道添加衰减贴图来表现大理石的反射效果；通过在凹凸通道添加贴图来表现大理石材质表面的细微纹理质感

思路分析：
设置反射和漫反射效果+设置凹凸质感

难度系数：★★☆☆☆

材质文件\KK\081

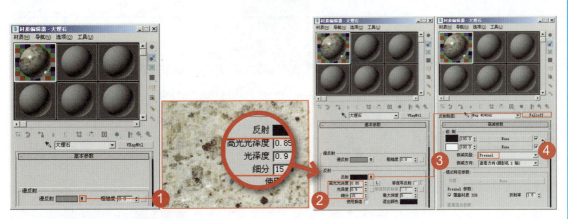

1：在漫反射通道添加贴图
2：设置反射参数
3：在反射通道添加衰减贴图
4：设置衰减类型
5：在凹凸通道添加贴图
6：设置凹凸通道的贴图强度

扩展案例\矿石12

分析点评：
本例使用VRay材质制作大理石材质。一般来说，优质大理石板材的抛光面应具有与镜面相同的光泽，能清晰地映出景物。所以在进行材质制作时，应加大反射和高光的程度，这样制作出的大理石材质才具有突出的视觉效果。

M 木料材质——082~084

自古以来，木料就是一种主要的建筑材料。在古建筑中，木材被广泛应用于室内外建筑结构中。即使在现代土木建筑中，木材也仍然充当着重要的角色，尤其对于室内家具及后期添加的内部装饰结构而言，更是如此。

082 亚光木地板材质

应用领域：地面装饰

技术要点：
通过在反射通道添加衰减贴图等来表现亚光木地板材质的反射和高光效果；通过在凹凸通道添加贴图来表现木地板表面的凹凸质感

思路分析：
设置漫反射、反射和高光效果+设置凹凸质感

难度系数： ★★★☆☆

材质文件\M\082

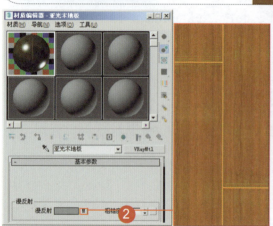

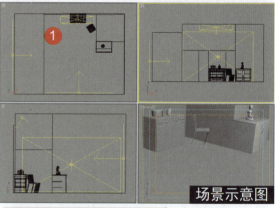

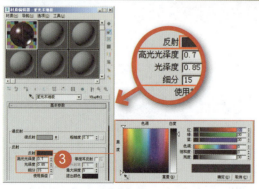

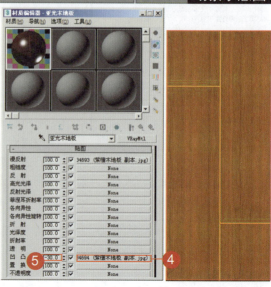

场景示意图

1：在场景中创建3盏面光源
2：在漫反射通道添加贴图
3：设置反射颜色和反射参数
4：在凹凸通道添加贴图
5：设置凹凸通道的贴图强度

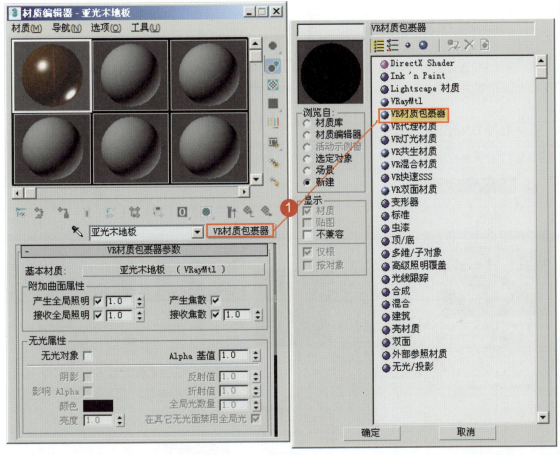

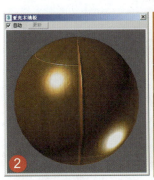

1：对该材质进行VRay材质包裹
2：最终材质球效果
3：最终渲染效果

分析点评：

本例使用VRay材质制作亚光木地板材质。木地板是建筑装饰中常用的材质之一，地板表面具有高光效果，特别是当有强烈光线照射时，其表面的高光会显得特别强烈；同时地板表面具有凹凸纹理，这是地板缝隙的凹痕，为了表现此类效果，可以使用凹凸贴图来模拟。另外，可以根据不同种类的地板，设置不同的高光和反射效果。

083 凹凸纹理木材材质

应用领域：家具装饰

技术要点：
通过设置高光光泽度和光泽度来表现凹凸纹理木材材质的高光和模糊反射效果；通过在凹凸通道添加纹理贴图来表现该材质的纹理质感

思路分析：
设置漫反射和反射效果+设置凹凸质感

难度系数： ★★☆☆☆

 材质文件\M\083

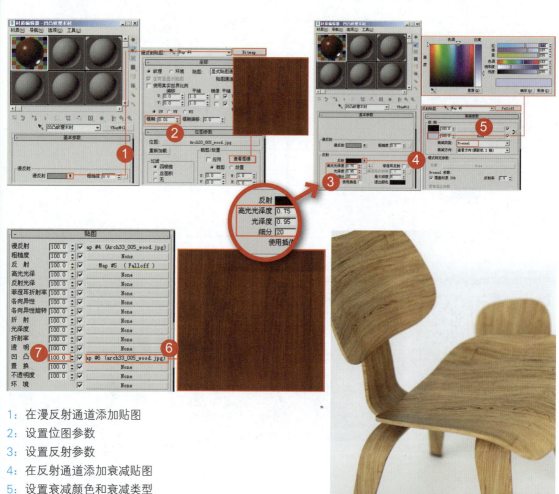

1：在漫反射通道添加贴图
2：设置位图参数
3：设置反射参数
4：在反射通道添加衰减贴图
5：设置衰减颜色和衰减类型
6：在凹凸通道添加纹理贴图

分析点评：
本例使用VRay材质制作凹凸纹理木材材质。该材质表面具有强烈的反射和高光效果，其最重要的特征是具有显著的凹凸纹理质感，这是材质设置的关键。

084 红木材质

应用领域：家具装饰

技术要点：
通过在VR代理材质中添加贴图来制作红木材质

思路分析：
设置基本材质+设置全局光材质

难度系数： ★★★☆☆

材质文件\M\084

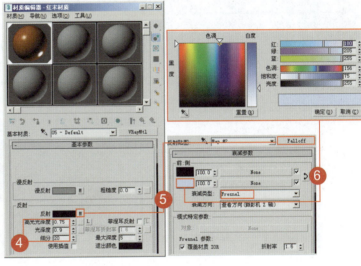

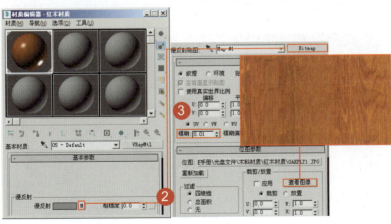

1：VR代理材质的组成部分
2：进入基本材质，在漫反射通道添加贴图
3：设置位图参数
4：设置反射参数
5：在反射通道添加衰减贴图
6：设置衰减颜色和衰减类型

M 木料材质

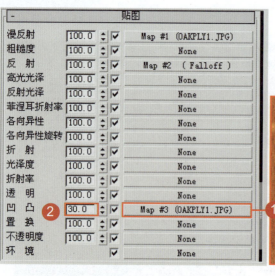

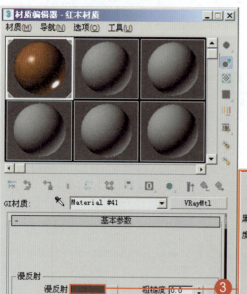

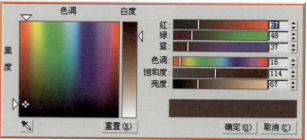

1：在凹凸通道添加贴图
2：设置凹凸通道的贴图强度
3：进入全局光材质，设置漫反射颜色
4：最终材质球效果
5：最终渲染效果

分析点评：

本例使用VR代理材质制作红木材质。在基本材质部分，完成了材质贴图、高光和凹凸纹理的制作；在全局光材质部分，主要设置材质的全局光效果。

皮革材质——085~088

在人们的日常生活中，皮革材质并不罕见，除了被制作成箱包服饰，在室内环境中还会被制作成软体家具，如沙发、卧床及隔音软包背景墙。

085 鳄鱼皮材质

应用领域：陈设品装饰

技术要点：
利用混合贴图、衰减贴图及噪波贴图来制作鳄鱼皮材质

思路分析：
设置基本参数+设置凹凸纹理

难度系数： ★★★☆☆

材质文件\P\085

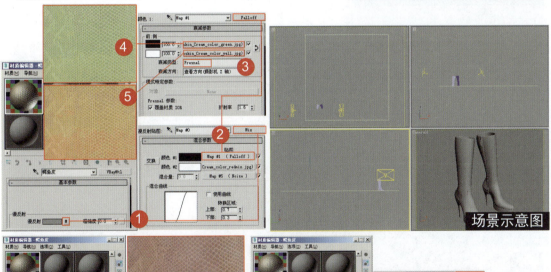

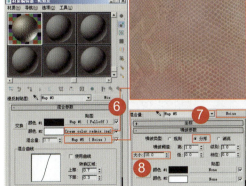

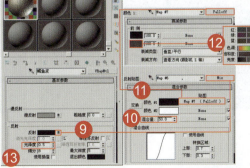

1：在漫反射通道添加混合贴图
2：在混合贴图的颜色1通道添加衰减贴图
3：设置衰减类型
4：在衰减贴图的前通道添加贴图
5：在衰减贴图的侧通道添加贴图
6：在混合贴图的颜色2通道添加贴图
7：在混合量通道添加噪波贴图
8：设置噪波类型和噪波大小
9：在反射通道添加混合贴图
10：设置混合量
11：在混合贴图的颜色1通道添加衰减贴图
12：设置衰减贴图侧通道的颜色
13：设置反射参数

P 皮革材质

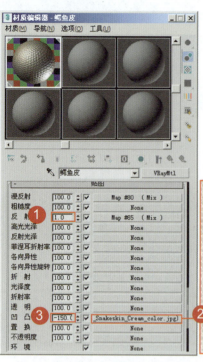

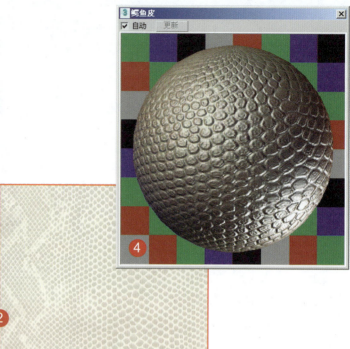

1：设置反射通道的贴图强度　　3：设置凹凸通道的贴图强度　　5：最终渲染效果
2：在凹凸通道添加贴图　　　　4：最终材质球效果

分析点评：
本例使用VRay材质制作鳄鱼皮材质。通过对该材质的学习，我们应加深对衰减贴图、噪波贴图及相关参数调整的认识，总结不同衰减类型与噪波类型结合相应通道的应用原理，以刻画出更为逼真的皮革材质。

086 蛇皮材质

应用领域：陈设品装饰

技术要点：
通过在漫反射通道添加贴图和设置反射参数来表现蛇皮材质的特殊质感

思路分析：
设置基本参数+设置凹凸纹理

难度系数： ★★☆☆☆

材质文件\P\086

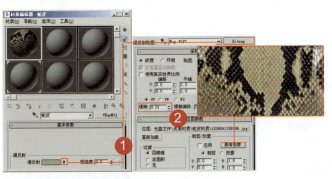

1：在漫反射通道添加贴图
2：设置位图参数
3：设置反射颜色和反射参数
4：勾选"菲涅耳反射"复选框
5：在凹凸通道添加贴图
6：设置位图参数
7：设置凹凸通道的贴图强度

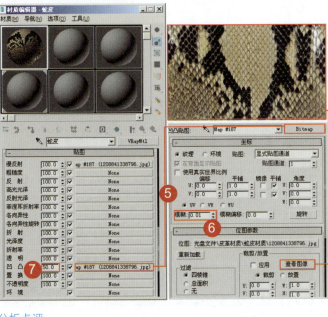

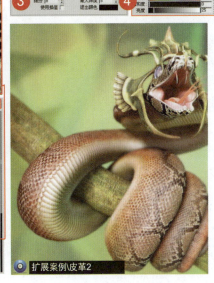

分析点评：
本例使用VRay材质制作蛇皮材质。本例通过设置位图和基本参数来制作蛇皮材质的表面效果，通过在凹凸通道添加贴图来制作材质的凹凸纹理效果。

087 人造皮革沙发材质

应用领域：家具装饰

技术要点：
通过在漫反射通道和凹凸通道添加贴图来表现人造皮革沙发材质的表面效果和凹凸质感

思路分析：
设置基本参数+设置凹凸质感

难度系数： ★★☆☆☆

材质文件\P\087

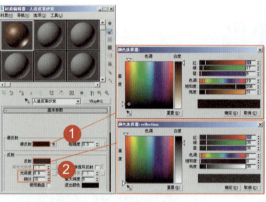

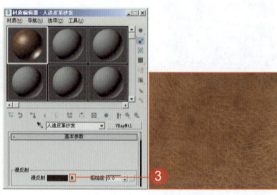

1：设置漫反射颜色
2：设置反射颜色和反射参数
3：在漫反射通道添加贴图
4：将漫反射通道的贴图复制到凹凸通道中
5：设置凹凸通道的贴图强度

扩展案例\皮革5

分析点评：
本例使用VRay材质制作人造皮革沙发材质。人造皮革沙发具有极其微弱的反射效果，其制作方法相对简单，即通过将贴图叠加于相应通道中形成材质的凹凸效果。

088 牛皮靠椅材质

应用领域：家具装饰

技术要点：
通过在漫反射和凹凸通道添加贴图来表现牛皮靠椅材质的表面效果和凹凸质感

思路分析：
设置基本参数+设置凹凸质感

难度系数： ★★☆☆☆

材质文件\P\088

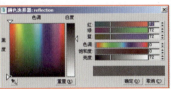
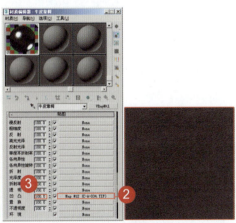

1：设置反射颜色和反射参数
2：在凹凸通道添加贴图
3：设置凹凸通道的贴图强度
4：设置各向异性类型
5：最终材质球效果

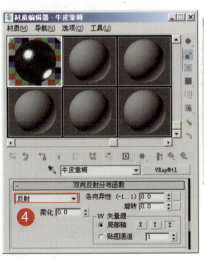

分析点评：
本例使用VRay材质制作牛皮靠椅材质。在制作牛皮靠椅材质时，应该抓住两个方面：一个是材质的高光部分；另一个则是材质贴图部分。

墙面材质——089~092

墙面是墙身的外表饰面，分为室内墙面和室外墙面。墙面装修是建筑设计的组成部分。现代室内墙面多运用色彩、质感的变化来美化室内环境、调节光照度，使用各种具有易清洁和良好物理性能的材料来满足多方面的使用功能。

089 马赛克材质

应用领域：陈设品装饰

技术要点：
通过在漫反射通道添加平铺贴图来表现材质表面的反射和光泽效果；通过在凹凸通道添加贴图来表现材质的凹凸质感

思路分析：
设置基本材质+设置凹凸质感

难度系数：★★★☆☆   材质文件\Q\089

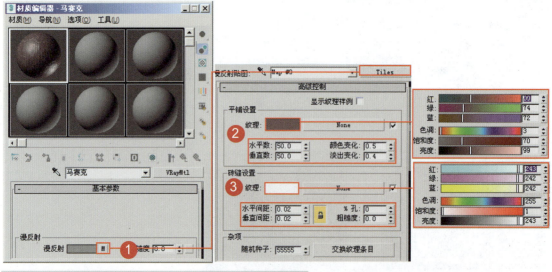

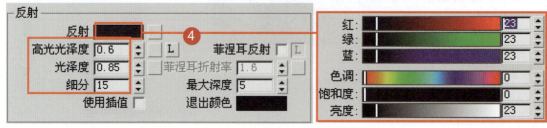

1：在漫反射通道添加平铺贴图
2：设置"平铺设置"选项组中的颜色和参数
3：设置"砖缝设置"选项组中的颜色和参数
4：设置反射颜色和反射参数

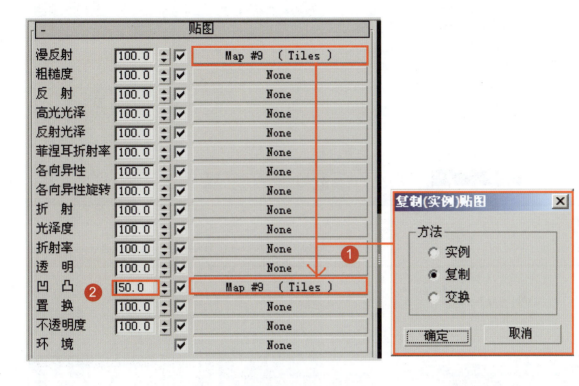

扩展案例\墙面1

1：将漫反射通道的平铺贴图复制到凹凸通道中
2：设置凹凸通道的贴图强度
3：最终渲染效果

分析点评：
本例使用VRay材质制作马赛克材质。该材质的设置方法比较简单，主要是表现光泽效果和凹凸质感，并使用平铺贴图来表现马赛克质感。

090 文化石材质

应用领域：墙面装饰

技术要点：
通过在漫反射通道添加贴图来模拟文化石材质的表面效果；通过在凹凸通道添加凹凸贴图来表现文化石材质的凹凸质感

思路分析：
设置漫反射效果+设置凹凸质感

难度系数：★★★☆☆

材质文件\Q\090

1：在漫反射通道添加贴图
2：设置位图参数

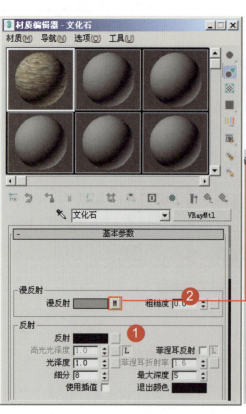

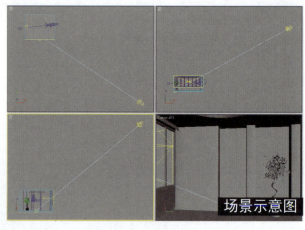

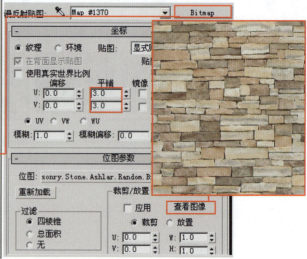

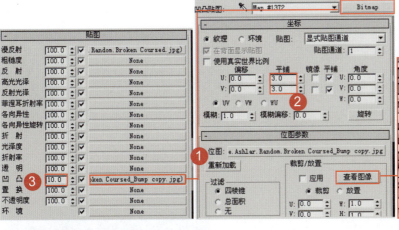

1：在凹凸通道添加贴图
2：设置位图参数
3：设置凹凸通道的贴图强度
4：最终材质球效果
5：最终渲染效果

分析点评：

本例介绍了文化石材质的制作方法。漫反射通道贴图和凹凸通道贴图是本例的制作关键，若要处理好两者的关系，则必须使用统一的贴图进行处理，将彩色贴图处理成灰度贴图，以作为凹凸通道贴图。

091 腐蚀墙面材质

应用领域：墙面装饰

技术要点：
通过在漫反射通道添加贴图来表现腐蚀墙面效果；通过在凹凸通道添加贴图来模拟材质表面的腐蚀质感

思路分析：
设置基本参数+设置凹凸质感

难度系数： ★★★☆☆

材质文件\Q\091

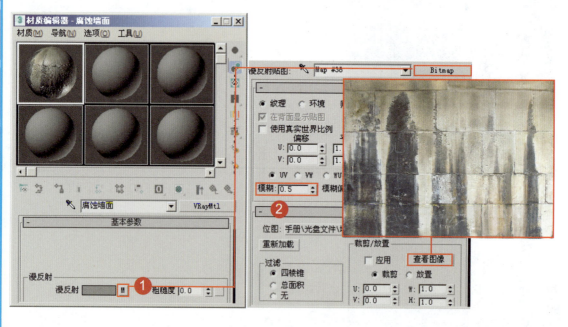

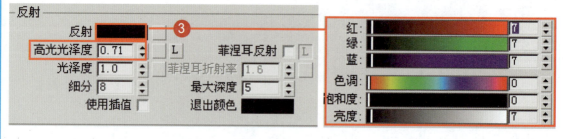

1：在漫反射通道添加贴图
2：设置位图参数
3：设置反射颜色和反射参数

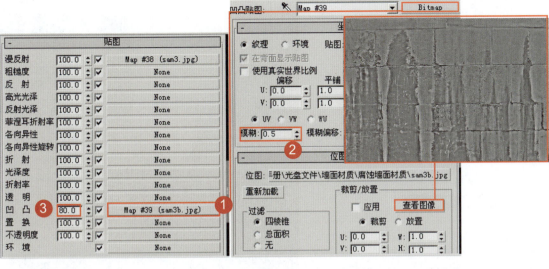

1：在凹凸通道添加贴图　　3：设置凹凸通道的贴图强度
2：设置位图参数　　　　　4：最终材质球效果

分析点评：
本例使用VRay材质制作腐蚀墙面材质。腐蚀墙面是经过风吹、日晒、雨淋等外界因素所造成的墙体毁坏效果。在墙体的表面具有混乱的凹凸质感，可以看到，墙面已经开裂剥落，露出砖墙。为了表现这个效果，可以使用凹凸通道贴图来表现腐蚀质感。

Q 墙面材质

092 混凝土水泥砖材质

应用领域：墙面装饰

技术要点：
利用凹凸纹理贴图制作混凝土水泥砖材质

思路分析：
设置漫反射效果+设置凹凸质感

难度系数： ★★☆☆☆

材质文件\Q\092

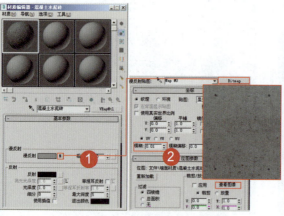

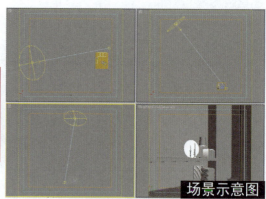

场景示意图

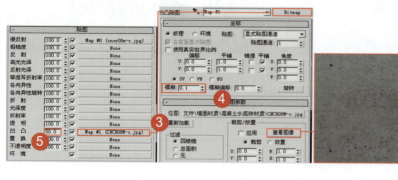

扩展案例墙面4

1：在漫反射通道添加贴图　　　　4：设置位图参数
2：设置位图参数　　　　　　　　5：设置凹凸通道的贴图强度
3：在凹凸通道添加贴图

分析点评：
本例使用VRay材质制作混凝土水泥砖材质。该材质的参数设置比较简单，主要是表现材质表面的细微凹凸质感，只需在凹凸通道添加贴图即可。

R 容器材质——093~094

容器是用来包装或装载物品的贮存器（如箱、罐、坛），或者成形或柔软不成形的包覆材料，而容器的材质也是多种多样的，包括玻璃的、塑料的、铁皮的、陶瓷的等。

093 汽水瓶材质

应用领域：陈设品装饰

技术要点：
通过设置反射、折射效果和烟雾颜色来表现汽水瓶的玻璃质感

思路分析：
设置玻璃的反射效果+设置玻璃的透明质感

难度系数：★★★☆☆

材质文件\R\093

1：设置反射参数
2：在反射通道添加衰减贴图
3：设置衰减颜色

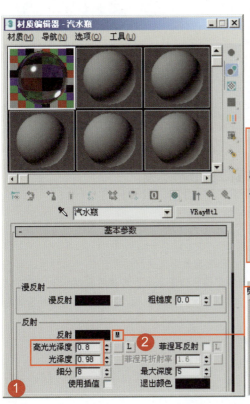

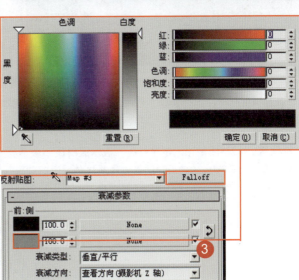

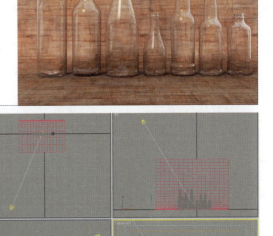

R 容器材质

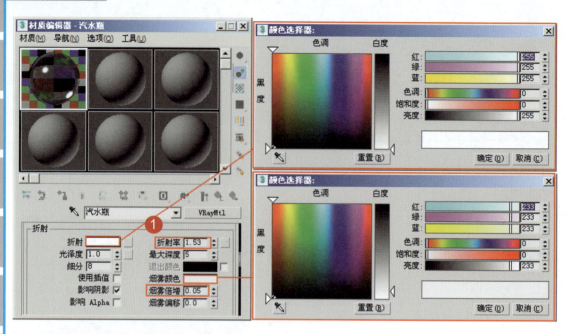

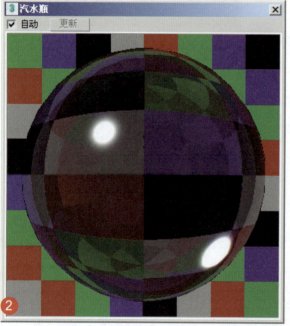

1：设置折射颜色和折射参数　　　　2：最终材质球效果

分析点评：
本例使用VRay材质制作汽水瓶材质。汽水瓶材质为玻璃材质，而玻璃是日常生活中常见的一种材质，有很多种类型。本例制作的玻璃材质是一种灰白色的透明玻璃，使用了雾效果来表现玻璃的受光颜色，同时使用了衰减贴图来表现玻璃的真实反射效果。对于不同的玻璃，其材质设置必然不同，最主要的区别就是清晰度和雾色效果。

094 矿泉水瓶材质

应用领域：陈设品装饰

技术要点：
通过设置反射参数来表现反射和高光效果；通过设置折射参数来表现透明质感；通过在凹凸通道添加渐变坡度贴图来表现瓶盖材质的纵向纹理质感。

思路分析：
设置瓶盖材质+设置塑料瓶体材质+设置标签材质

难度系数：★★★★☆

 材质文件\R\094

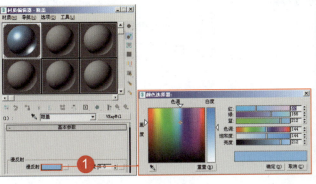

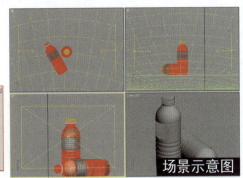

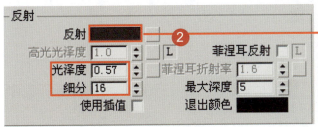

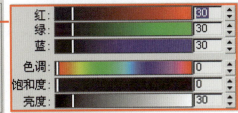

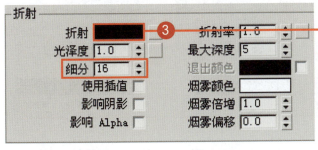

1：设置漫反射颜色　　2：设置反射颜色和反射参数　　3：设置折射颜色和折射参数

R 容器材质

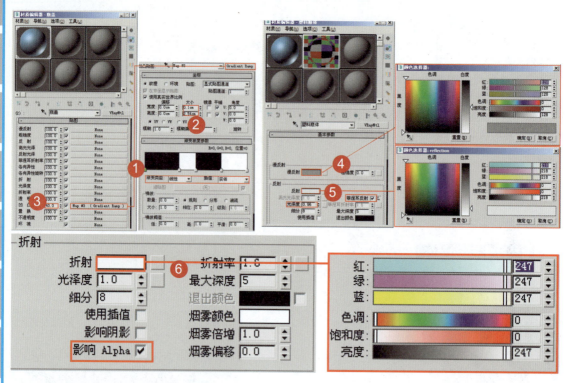

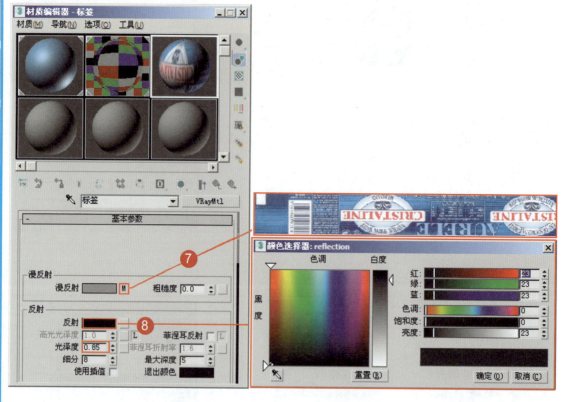

1：在凹凸通道添加渐变坡度贴图
2：设置渐变坡度参数
3：设置凹凸通道的贴图强度
4：设置漫反射和反射颜色
5：设置反射参数并勾选"菲涅耳反射"复选框
6：设置折射颜色并勾选"影响Alpha"复选框
7：在漫反射通道添加贴图
8：设置反射颜色和反射参数

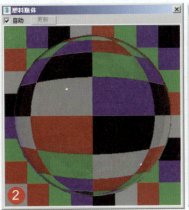
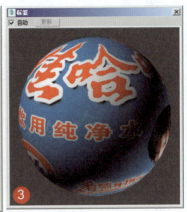

1：瓶盖最终材质球效果
2：瓶体最终材质球效果
3：标签最终材质球效果
4：最终渲染效果

分析点评：

本例使用VRay材质制作矿泉水瓶材质。矿泉水瓶在生活中很常见，瓶子的瓶盖部分是不透明的塑料材质，具有微弱的高光效果，最特别的地方是在瓶子的侧面具有一圈纵向的纹理。瓶体部分是透明的白塑料材质，这部分材质具有较强烈的高光效果，甚至能反射出物体的影像，但主要特征是透明效果。只要对其进行仔细观察，在制作该材质时就应该没有什么障碍。

食物材质——095~099

自古以来，"民以食为天"，将其引申至人类赖以生存的实体环境中，食物几乎无处不在。在很多室内效果图中，虽然食物会被当作装饰环境的附属物，但其凭借丰富自然的颜色变化及逼真写实的外观造型，往往会使整体画面更具亲和力。因此近些年来，完好的食物材质日渐成为装饰室内环境，尤其是餐饮空间中不可或缺的主题装饰品。

095 牛奶材质

应用领域：陈设品装饰

技术要点：
通过设置折射参数和半透明效果来制作牛奶材质

思路分析：
设置牛奶颜色+设置半透明质感

难度系数： ★★★☆☆

材质文件\S\095

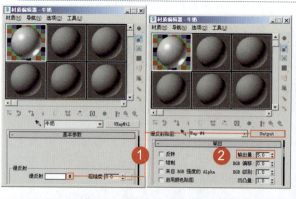

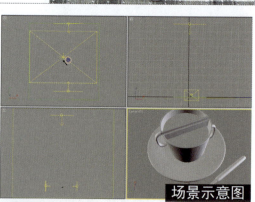

场景示意图

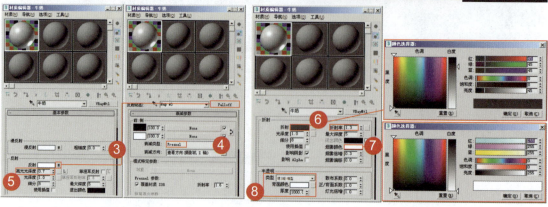

1：在漫反射通道添加输出贴图
2：设置输出量
3：在反射通道添加衰减贴图
4：设置衰减类型
5：设置反射参数
6：设置折射颜色和折射率
7：设置烟雾颜色
8：设置半透明参数

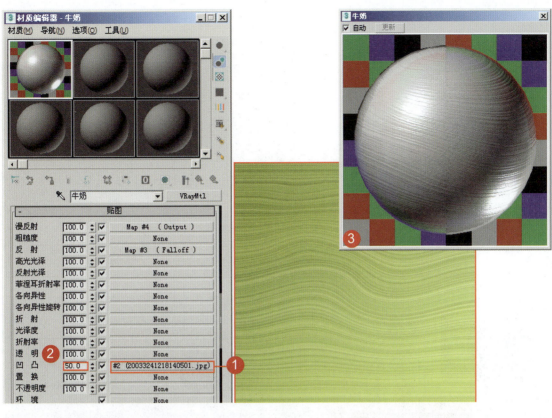

1：在凹凸通道添加贴图　　3：最终材质球效果
2：设置凹凸通道的贴图强度　　4：最终渲染效果

分析点评：
本例使用VRay材质制作牛奶材质。牛奶材质具有半透明质感，是一种特殊的液态材质。在制作牛奶材质时，需要重点注意半透明质感的模拟。

096 鸡蛋壳材质

应用领域：陈设品装饰

技术要点：
通过在光线跟踪材质中添加噪波贴图和细胞贴图来制作鸡蛋壳材质

思路分析：
设置鸡蛋外壳材质+设置鸡蛋内壳材质

难度系数： ★★★☆☆

材质文件\S\096

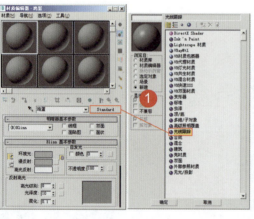

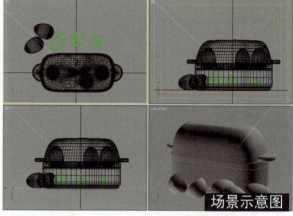

场景示意图

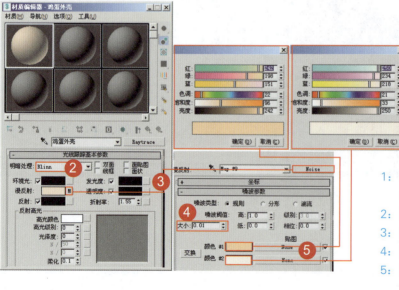

1：设置材质类型为光线跟踪材质
2：设置明暗处理类型
3：在漫反射通道添加噪波贴图
4：设置噪波大小
5：设置交换颜色

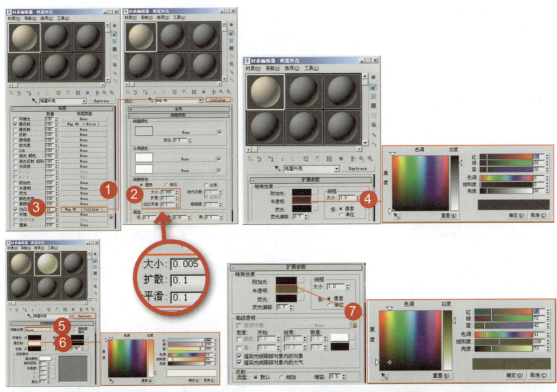

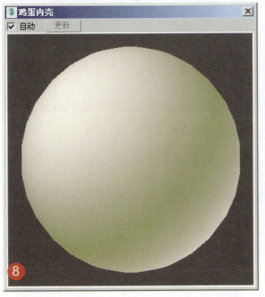

1：在凹凸通道添加细胞贴图
2：设置细胞参数
3：设置凹凸通道的贴图强度
4：在"扩展参数"卷展栏中设置半透明颜色
5：鸡蛋内壳材质的设置，设置明暗处理类型
6：设置漫反射颜色
7：在"扩展参数"卷展栏中设置半透明颜色
8：鸡蛋内壳材质球效果

分析点评：
本例使用光线跟踪（Raytrace）材质制作鸡蛋壳材质。鸡蛋壳的表面具有细微的凹凸纹理质感，同时其颜色具有衰减变化。鸡蛋内壳的材质有些类似VR_快速SSS材质，表面具有微弱的高光效果。在制作该材质时，使用VRay材质也能实现要求的效果，不过对比而言，使用Raytrace材质的效果会更加完美。

097 饼干材质

应用领域：陈设品装饰

技术要点：
通过在多维/子对象材质中添加贴图来表现饼干材质

思路分析：
设置饼干正面材质+设置饼干边沿材质+设置饼干背面材质

难度系数：★★★★☆

 材质文件\S\097

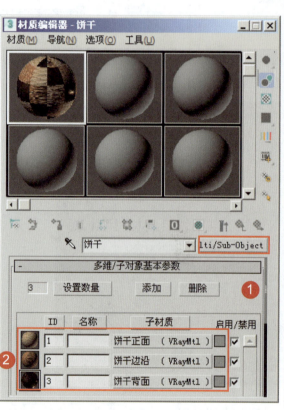

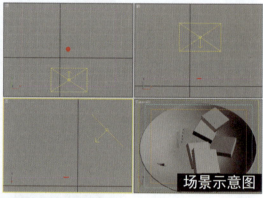

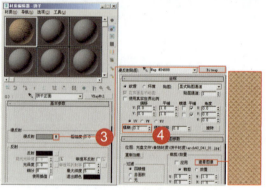

1：设置材质类型为多维/子对象材质
2：多维/子对象材质的组成部分
3：在ID为1的材质的漫反射通道添加贴图
4：设置位图参数

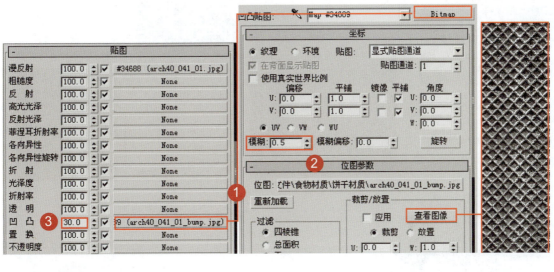

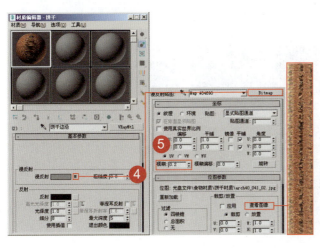

1：在凹凸通道添加贴图
2：设置位图参数
3：设置凹凸通道的贴图强度
4：在ID为2的材质的漫反射通道添加贴图
5：设置位图参数
6：在凹凸通道添加贴图
7：设置位图参数
8：设置凹凸通道的贴图强度

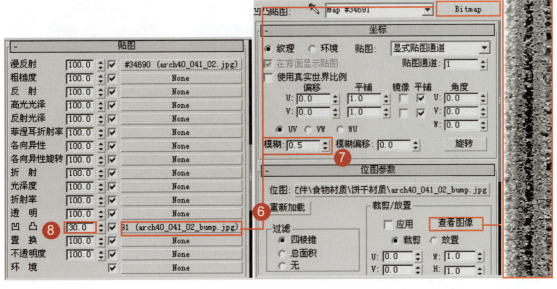

S 食物材质

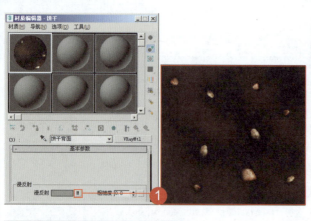
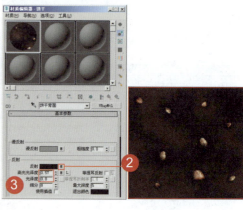

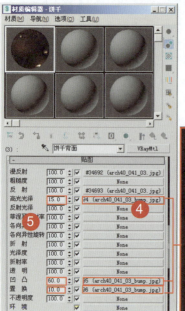

1：在ID为3的材质的漫反射通道添加贴图
2：在反射通道添加贴图
3：设置反射参数
4：在高光光泽通道、凹凸通道、置换通道都添加相同的贴图
5：设置各个通道的贴图强度

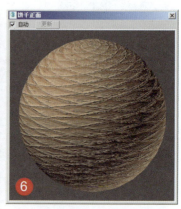

6：饼干正面材质球效果　　7：饼干边沿材质球效果　　8：饼干背面材质球效果

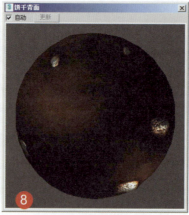

分析点评：
本例使用多维/子对象材质结合VRay材质制作饼干材质。该材质的设置比较简单，基本上都是利用贴图来表现材质效果的，主要表现的是材质表面的凹凸质感。

098 面包材质

应用领域：陈设品装饰

技术要点：
利用衰减贴图和烟雾贴图制作面包材质

思路分析：
设置面板材质+设置芝麻材质

难度系数： ★★★★☆

材质文件\S\098

场景示意图

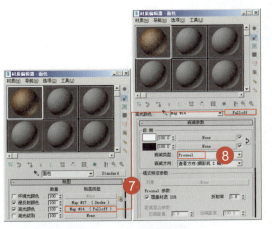

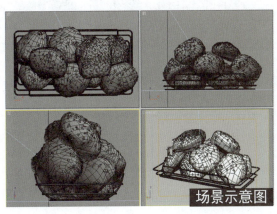

1：设置明暗器类型
2：设置环境光颜色
3：在漫反射通道添加烟雾贴图
4：设置烟雾大小
5：设置交换颜色
6：设置反射高光参数
7：在高光颜色通道添加衰减贴图
8：设置衰减类型

S 食物材质

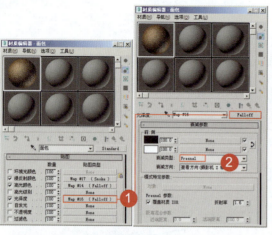
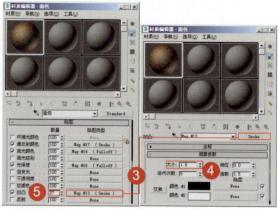
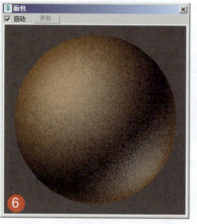
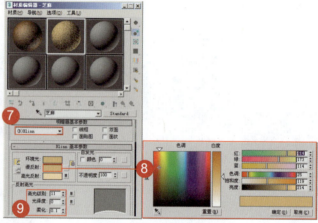
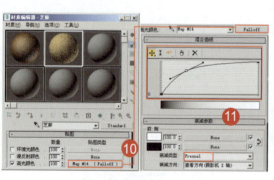
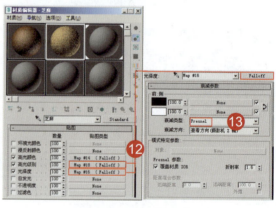

1：在光泽度通道添加衰减贴图
2：设置衰减类型
3：在凹凸通道添加烟雾贴图
4：设置烟雾大小
5：设置凹凸通道的贴图强度
6：面包材质球效果
7：设置明暗器类型
8：设置漫反射颜色
9：设置反射高光参数
10：在高光颜色通道添加衰减贴图
11：设置衰减类型并调节混合曲线
12：在高光级别通道和光泽度通道添加衰减贴图
13：设置衰减类型

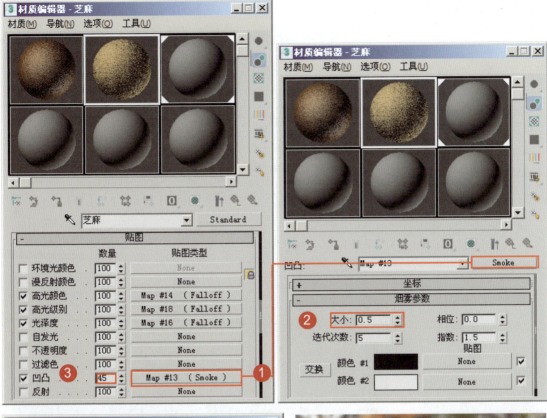

1：在凹凸通道添加烟雾贴图　　2：设置烟雾大小　　3：设置凹凸通道的贴图强度　　4：芝麻材质球效果

分析点评：

本例使用标准材质制作面包材质。我们在生活中可以经常吃到面包，特别是在吃早餐的时候，所以我们对面包不陌生。如果仔细观察，可以发现面包的颜色基本上以黄褐色为主。因为面包的制作要经过烤制，所以在面包的表面会有微弱的高光效果。另外，在面包的表面还具有细微的纹理质感。这些细小的特征是需要细心观察才能发现的，也就是说，要制作出栩栩如生的材质，细心观察是必不可少的。

099 冰激凌材质

应用领域：陈设品装饰

技术要点：
通过在漫反射通道添加细胞贴图来表现冰激凌材质表面的多颜色效果；通过在置换通道添加遮罩贴图来表现冰激凌材质表面的凹凸质感。

思路分析：
设置基本材质+设置凹凸质感

难度系数： ★★★☆☆

 材质文件\S\099

1：在漫反射通道添加细胞贴图
2：设置细胞参数
3：设置细胞参数和分界颜色
4：在分界颜色的颜色2通道添加渐变坡度贴图
5：设置渐变坡度参数

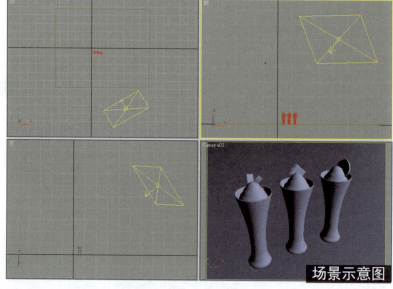

场景示意图

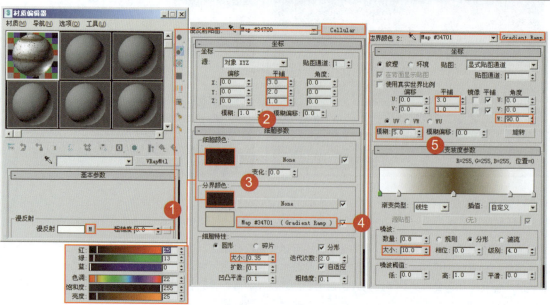

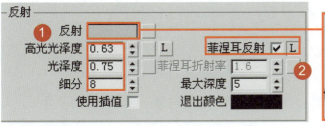
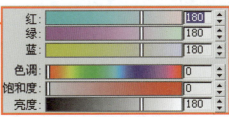

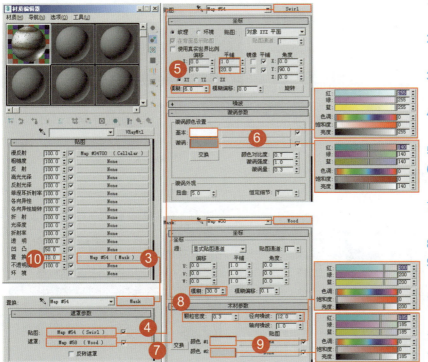

1：设置反射颜色和反射参数
2：勾选"菲涅耳反射"复选框
3：在置换通道添加遮罩贴图
4：在遮罩贴图的贴图通道添加漩涡贴图
5：设置漩涡参数
6：在"漩涡参数"卷展栏中设置漩涡颜色
7：在遮罩贴图的遮罩通道添加木材贴图
8：设置木材参数
9：在"木材参数"卷展栏中设置交换颜色
10：设置置换通道的贴图强度
10：最终材质球效果
11：最终渲染效果

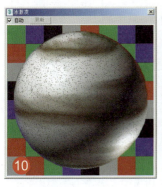

分析点评：
本例使用VRay材质制作冰激凌材质。冰激凌在夏天是非常受欢迎的，一般都是多色的，所以在制作时用到了渐变坡度贴图来制作渐变颜色。

水果材质——100~103

水果是指多汁且有甜味的植物果实。水果不但含有丰富的营养，而且能够帮助消化，是对部分可以食用的植物果实和种子的统称。与食物一样，水果在日常生活中也是无处不在的，也是室内效果图中不可或缺的一部分。

100 草莓材质

应用领域：陈设品装饰

技术要点：
在混合材质中使用渐变贴图和噪波贴图制作草莓材质

思路分析：
设置草莓果肉材质＋设置草莓果蒂材质＋设置遮罩贴图

难度系数： ★★★★☆

材质文件\SS\100

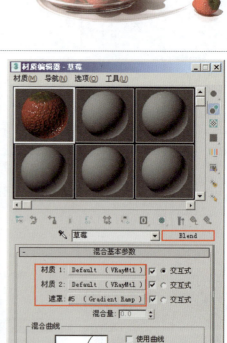

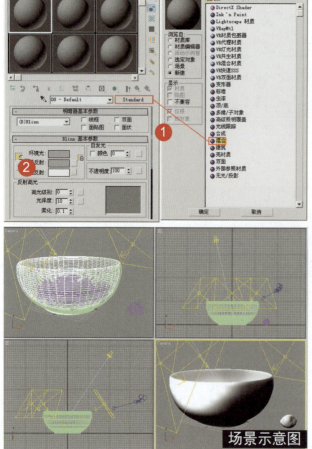

1：设置材质类型为混合材质
2：混合材质的组成部分

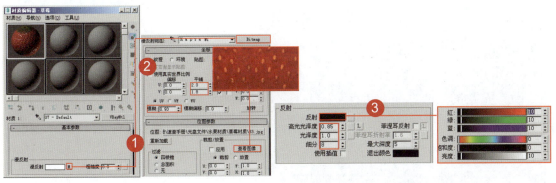

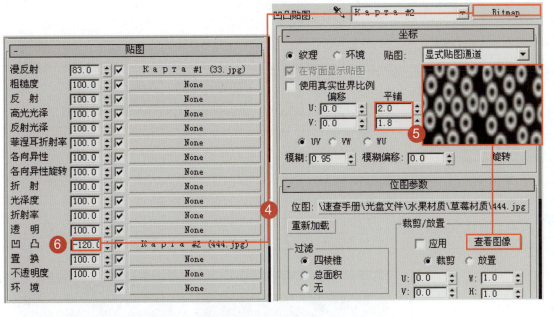

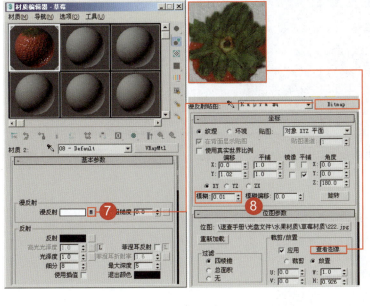

1：在漫反射通道添加贴图
2：设置位图参数
3：设置反射颜色和反射参数
4：在凹凸通道添加贴图
5：设置位图参数
6：设置凹凸通道的贴图强度
7：设置材质2部分，在漫反射通道添加贴图
8：设置位图参数

S 水果材质

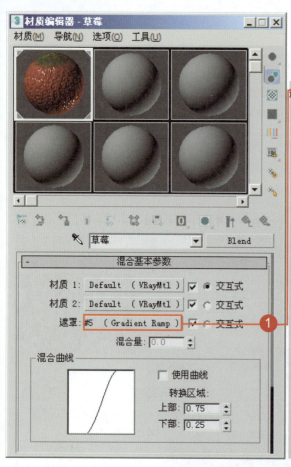
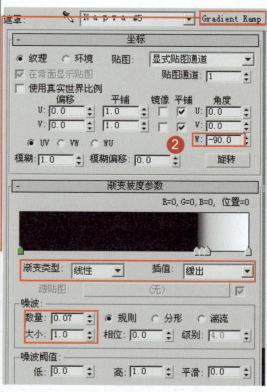
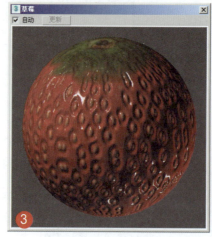

1：在遮罩通道添加渐变坡度贴图
2：设置渐变坡度参数
3：最终材质球效果

分析点评：
本例使用混合材质制作草莓材质。草莓是生活中常见的水果之一，草莓的表面具有湿润的质感，在光线照射下会出现光泽效果；草莓的表面具有凹凸不平的质感，这是草莓自身的特征之一；同时，草莓具有绿色的果蒂结构。这些都是制作草莓材质时要表现的特征，知道了草莓的上述特征，我们就不难对其材质进行设置了。

101 西瓜材质

应用领域：陈设品装饰

技术要点：
通过在漫反射通道和凹凸通道添加贴图来制作西瓜材质

思路分析：
设置瓜皮材质+设置果肉材质

难度系数： ★★★☆☆

材质文件\SS\101

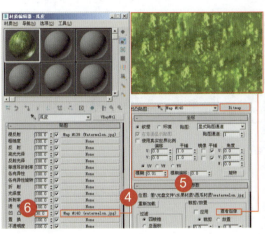

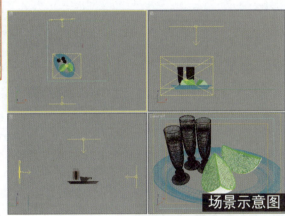

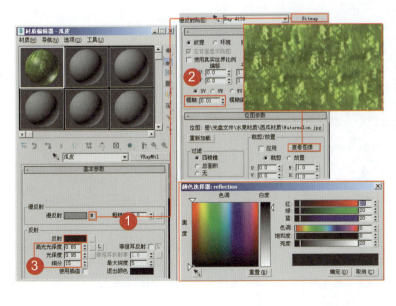

1：在漫反射通道添加贴图
2：设置位图参数
3：设置反射颜色和反射参数
4：在凹凸通道添加贴图
5：设置位图参数
6：设置凹凸通道的贴图强度
7：材质球效果

S 水果材质

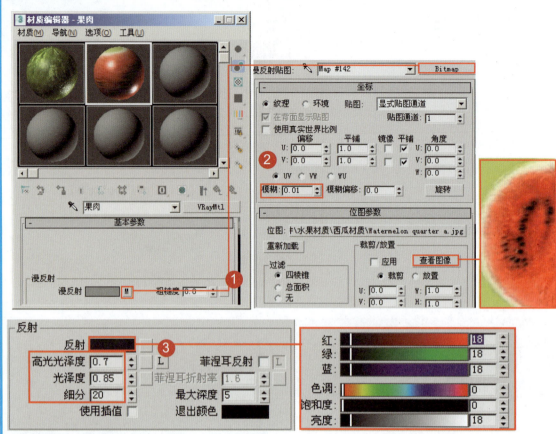

1：在漫反射通道添加贴图
2：设置位图参数
3：设置反射颜色和反射参数
4：在凹凸通道添加贴图
5：设置位图参数
6：设置凹凸通道的贴图强度

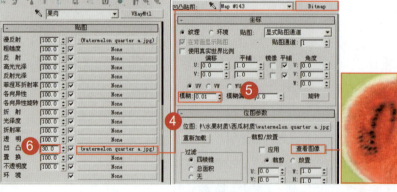

分析点评：

本例使用VRay材质制作西瓜材质。西瓜材质的设置方法比较简单，可以使用贴图制作该材质。现实中的西瓜表面具有微弱的光泽效果；果肉部分的表面具有水分，在光照下会产生光泽效果，同时表面还具有凹凸质感。所以根据上述材质特征，本例使用漫反射通道贴图结合反射参数和凹凸通道贴图来表现西瓜材质。

102 苹果材质

应用领域：陈设品装饰

技术要点：
通过在漫反射通道添加渐变贴图及在凹凸通道添加斑点贴图来制作苹果材质

思路分析：
设置基本参数+设置凹凸质感

难度系数： ★★★☆☆

材质文件\SS\102

1：在漫反射通道添加渐变贴图
2：设置渐变参数
3：在渐变贴图的颜色1和颜色3通道中添加相同的噪波贴图
4：设置噪波参数
5：设置交换颜色

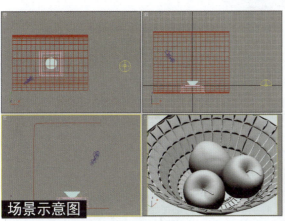

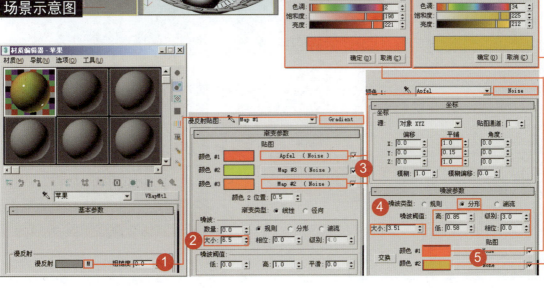

S 水果材质

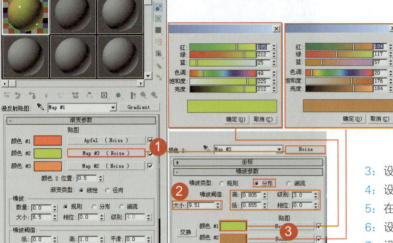

1：在渐变贴图的颜色2通道添加噪波贴图
2：设置噪波类型和参数

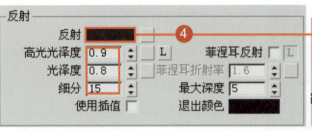
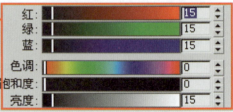

3：设置交换颜色
4：设置反射颜色和反射参数
5：在凹凸通道添加斑点贴图
6：设置斑点大小
7：设置斑点贴图的颜色1通道的颜色

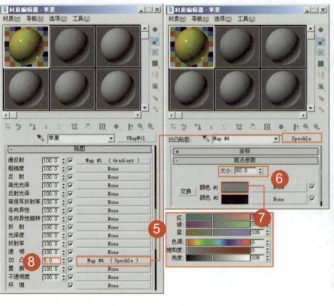

分析点评：

本例使用VRay材质制苹果材质。苹果的类型很多，如红苹果、绿苹果等，本例制作的苹果为一种红绿色苹果，其表面具有颜色的渐变效果。为了达到此效果，我们使用渐变贴图来制作，当然，也可以使用渐变扩展贴图来模拟。另外，苹果表面具有细微的凹凸质感，为了表现这种效果，通过在凹凸通道添加斑点贴图来模拟其质感。

103 樱桃材质

应用领域：陈设品装饰

技术要点：
利用衰减贴图和噪波贴图来表现樱桃材质

思路分析：
设置果蒂材质+设置果实材质

难度系数： ★★★☆☆

材质文件\SS\103

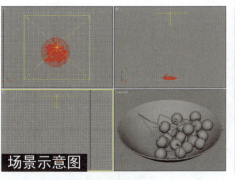

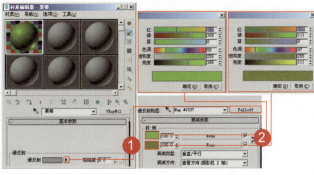

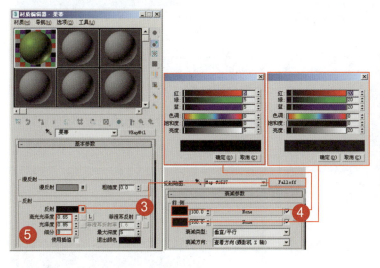

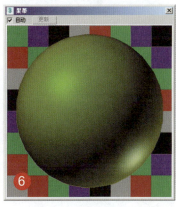

1：在漫反射通道添加衰减贴图
2：设置衰减颜色
3：在反射通道添加衰减贴图
4：设置衰减颜色
5：设置反射参数
6：果蒂材质球效果

S 水果材质

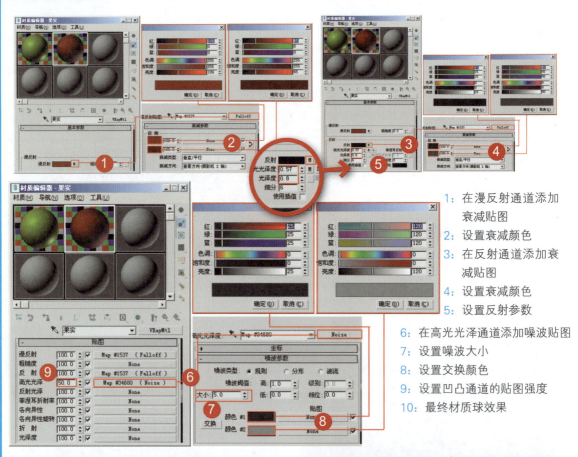

1：在漫反射通道添加衰减贴图
2：设置衰减颜色
3：在反射通道添加衰减贴图
4：设置衰减颜色
5：设置反射参数
6：在高光光泽通道添加噪波贴图
7：设置噪波大小
8：设置交换颜色
9：设置凹凸通道的贴图强度
10：最终材质球效果

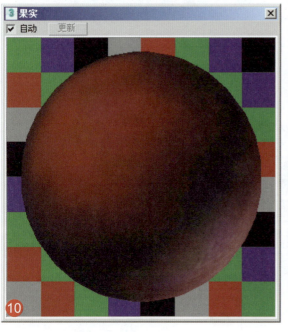

分析点评：

本例使用VRay材质制作樱桃材质。樱桃的表面具有高光效果，为了真实地表现这种光泽效果，本例在反射通道添加了衰减贴图，这种方法能够使樱桃表面的光泽更加丰富。

塑料材质——104~105

人们通常所说的塑料或树脂，是合成的高分子化合物，又被称为高分子或巨分子。这种材质耐用、防水、质量较轻，其外观无论是色彩或造型都比较自由，不仅可以呈现出完全透明或部分半透明外观质地，还可以通过不同的加工方法被轻松地创造为各种创意造型。

104 透明白塑料材质

应用领域：陈设品装饰

技术要点：
通过设置反射参数来表现塑料材质的光泽效果；通过设置折射参数来表现塑料材质的透明质感

思路分析：
设置漫反射和反射效果+设置材质的透明质感

难度系数： ★★☆☆☆　　材质文件\SSS\104

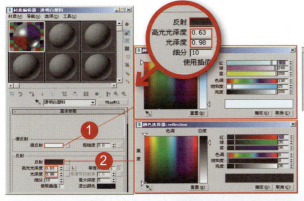

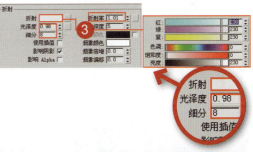

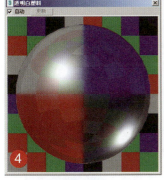

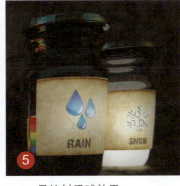

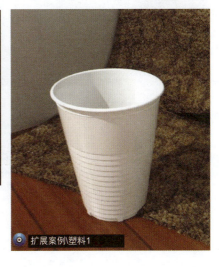

1：设置漫反射颜色
2：设置反射颜色和反射参数
3：设置折射颜色和折射参数
4：最终材质球效果
5：最终渲染效果

扩展案例塑料1

分析点评：
本例使用VRay材质制作透明白塑料材质。塑料材质的参数设置与玻璃材质的参数设置类似，唯一的不同是折射率有区别。

105 塑料泡沫材质

应用领域：陈设品装饰

技术要点：
通过在漫反射通道添加衰减贴图来表现塑料泡沫材质的颜色渐变效果；通过在凹凸通道添加细胞贴图来模拟材质表面的细凹凸结构

思路分析：
设置基本参数+设置凹凸质感+设置各向异性和环境效果

难度系数： ★★★☆☆

 材质文件\SSS\105

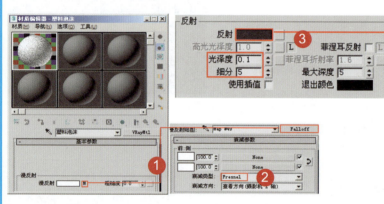

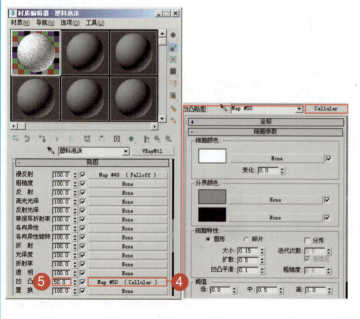

1：在漫反射通道添加衰减贴图
2：设置衰减类型
3：设置反射颜色和反射参数
4：在凹凸通道添加细胞贴图
5：设置凹凸通道的贴图强度

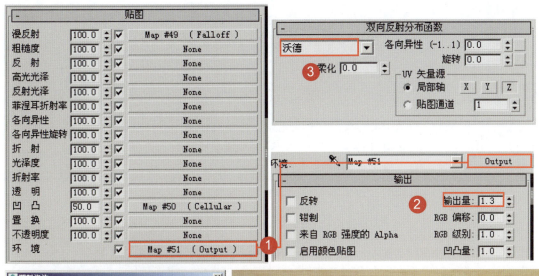
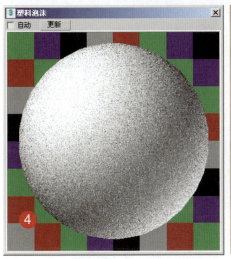

1：在环境通道添加输出贴图
2：设置输出量
3：设置各向异性类型
4：最终材质球效果
5：最终渲染效果

分析点评：
本例使用VRay材质制作塑料泡沫材质。通过观察材质球可以发现，材质表面具有非常明显的凹凸质感，这表现了泡沫的质感，与石膏效果有些类似。另外，材质表面具有高光效果，这是塑料材质特有的光泽效果。因此，在设置该材质时，要全面考虑塑料材质和泡沫材质，然后将它们进行有机结合，生成漂亮而有质感的塑料泡沫材质。

藤条材质——106

藤条是一种密实、坚固且轻巧、坚韧的材质，具有不拍挤压、柔韧、独具弹性的特征，是目前人们钟情的天然装饰素材，所以目前的大多数藤类材料在原有基础上融入了现代化的工艺技术和艺术创意手段，被广泛应用于室内环境中，并作为常用的藤艺家具而盛行。

106 藤编座椅材质

应用领域：家具装饰

技术要点：
通过在凹凸通道添加贴图来表现材质表面的凹凸质感；通过在漫反射通道添加贴图来表现材质的镂空质感

思路分析：
设置基本参数+设置凹凸质感+设置镂空质感

难度系数：★★☆☆☆　　材质文件\T\106

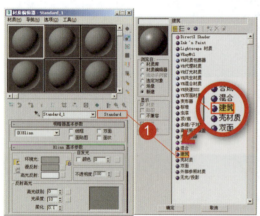

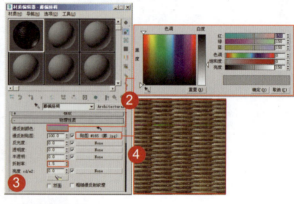

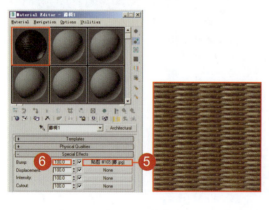

1：设置材质类型为建筑材质
2：设置漫反射颜色
3：设置折射率
4：在漫反射贴图通道添加贴图
5：在凹凸通道添加贴图
6：设置凹凸通道的贴图强度

分析点评：
本例使用VRay材质制作藤编座椅材质。藤编座椅材质具有微弱的高光效果，其表面具有显著的凹凸质感，同时该材质具有镂空质感。为了准确地表现该材质，本例使用凹凸贴图表现该材质的表面纹理质感，使用漫反射贴图表现材质的镂空质感。

Y 液体材质——107~110

液体材质种类繁多，很难将其归类为一门独立的材质属性，但由于应用了VRay渲染器，其大体的调整方法还是基本相通的，主要取决于折射效果结合光照及环境影响的综合效应，此项设置与玻璃材质相似。

107 红酒材质

应用领域：陈设品装饰

技术要点：
通过设置反射参数来表现红酒材质的高光和反射效果；通过设置折射参数和烟雾颜色来表现红酒材质的透明度和颜色效果

思路分析：
设置基本参数+设置半透明效果和雾色效果

难度系数：★★☆☆☆　　材质文件\Y\107

1：设置漫反射颜色
2：在反射通道添加衰减贴图
3：设置衰减类型
4：设置反射参数
5：设置折射颜色和折射参数
6：设置烟雾颜色

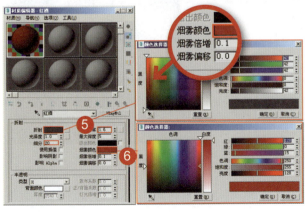

分析点评：
本例使用VRay材质制作红酒材质。红酒材质为半透明材质，所以在设置该材质时，折射参数的大小决定了红酒的透明情况；同时为了设置红酒的颜色，将烟雾颜色设置为红色，这样红酒材质在渲染后将呈现为深红色。红酒材质在设置方法上与其他饮料或酒的设置方法基本相同，不同的是在雾色效果和光泽度方面的差异。

108 柠檬汁材质

应用领域：陈设品装饰

技术要点：
通过设置折射颜色来表现柠檬汁的半透明质感；通过设置漫反射颜色和烟雾颜色表现柠檬汁的颜色

思路分析：
设置漫反射效果和光泽效果+设置透明质感和雾色效果+设置各向异性效果

难度系数： ★★☆☆☆

材质文件\Y\108

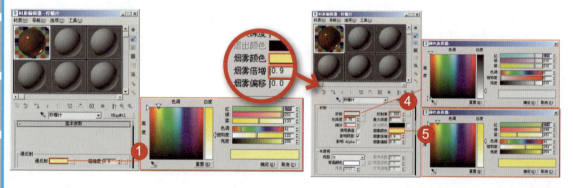

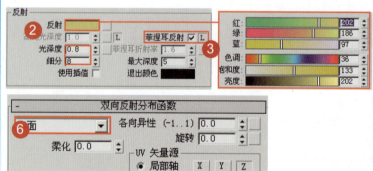

扩展案例\液体2

1：设置漫反射颜色
2：设置反射颜色和反射参数
3：勾选"菲涅耳反射"复选框
4：设置折射颜色和折射参数
5：设置烟雾颜色和烟雾倍增
6：设置各向异性类型

分析点评：
本例使用VRay材质制作柠檬汁材质。柠檬汁是我们很熟悉的一种饮料，具有淡黄色的颜色和半透明效果。在光照情况下，柠檬汁还会显示带颜色的阴影效果。所以在制作该材质时，不仅要考虑该材质的光泽效果和透明情况，还要注意雾色效果对该材质的最终影响。

109 啤酒材质

应用领域：陈设品装饰

技术要点：
通过设置反射参数来表现啤酒材质的反射和高光效果；通过设置折射参数和烟雾颜色来表现啤酒的透明度和颜色

思路分析：
设置泡沫材质＋设置酒水材质＋设置气泡材质

难度系数： ★★★☆☆

材质文件\Y\109

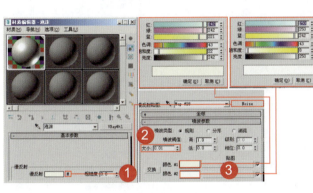
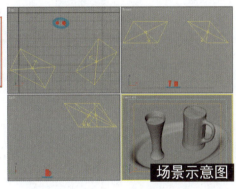

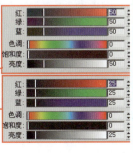
场景示意图

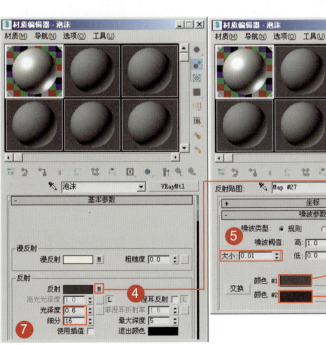
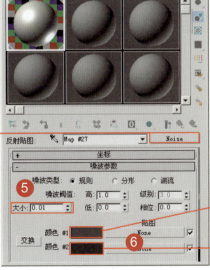

1：在漫反射通道添加噪波贴图
2：设置噪波大小
3：设置交换颜色
4：在反射通道添加噪波贴图
5：设置噪波大小
6：设置交换颜色
7：设置反射参数

Y 液体材质

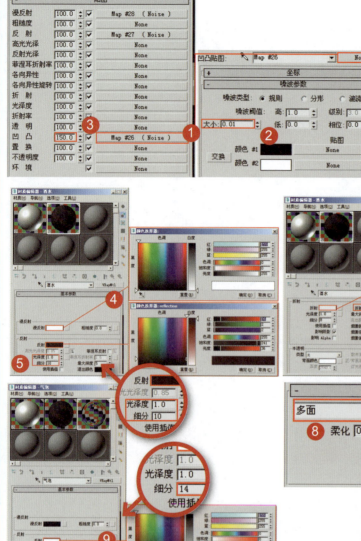
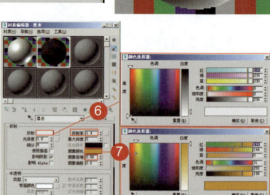
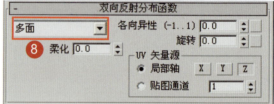

1：在凹凸通道添加噪波贴图
2：设置噪波大小
3：设置凹凸通道的贴图强度
4：设置漫反射颜色
5：设置反射颜色和反射参数
6：设置折射颜色和折射参数
7：设置烟雾颜色和烟雾倍增
8：设置各向异性类型
9：设置反射颜色和反射参数

分析点评：

本例使用VRay材质制作啤酒材质。啤酒材质由3部分组成，分别为白色的泡沫材质、酒水材质及酒中的气泡材质。这3种材质是啤酒材质的重要组成部分，泡沫材质的特点是其表面具有凹凸质感，也就是泡沫质感；酒水材质是半透明的黄色液体材质，同时其表面还具有微弱的反射效果；气泡材质的特点是其表面具有强烈的反射效果。为了制作出漂亮的啤酒材质，只有将这3种材质完美地结合起来，才能够获得最佳的材质表现。

110 咖啡材质

应用领域：陈设品装饰

技术要点：
通过在漫反射通道添加贴图来制作咖啡材质

思路分析：
设置漫反射效果+设置各向异性效果

难度系数： ★★☆☆☆

 材质文件\Y\110

1：在漫反射通道添加贴图
2：设置各向异性类型

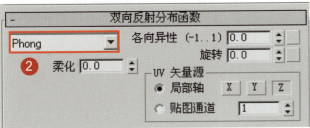

场景示意图

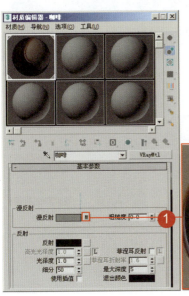

扩展案例\液体5

分析点评：
本例使用VRay材质制作咖啡材质。咖啡材质的制作比较简单，主要利用贴图来表现咖啡效果。还有另一种材质制作方法，就是利用程序贴图制作咖啡材质，主要表现咖啡质感和泡沫效果。

油漆材质——111~113

虽然迄今为止油漆的起源尚无定论,但当今的油漆大多是使用氧化铁或树脂等原料制作而成的,是用于装饰和保护物品外观的主要涂料。所以,油漆材质是大多数室内家具常用的"外衣",根据其外观可大致分为混油和清油两种类型。

111 汽车金属漆材质

应用领域:陈设品装饰

技术要点:
通过在虫漆材质中添加VRay混合材质和VRay材质来制作汽车金属漆材质

思路分析:
设置基本材质+设置叠加材质

难度系数: ★★★☆☆

 材质文件\YY\111

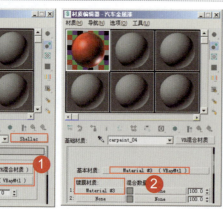

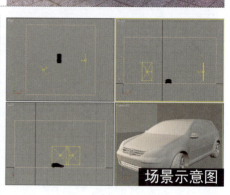

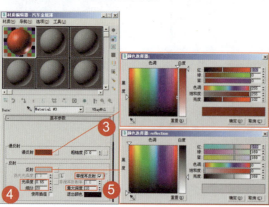

1:虫漆材质组成部分
2:VRay混合材质组成部分
3:设置混合材质的基本材质部分,设置漫反射颜色
4:设置反射颜色和反射参数
5:勾选"菲涅耳反射"复选框
6:设置混合材质的镀膜材质部分,设置漫反射颜色
7:设置反射颜色和反射参数
8:勾选"菲涅耳反射"复选框

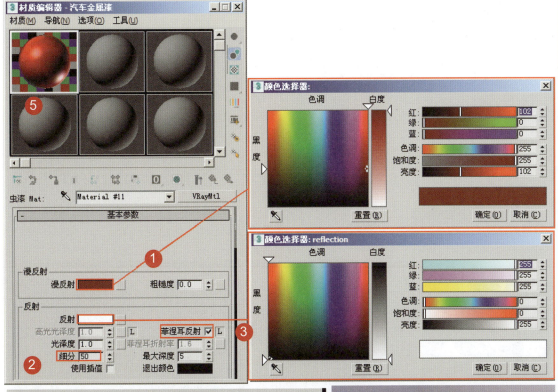

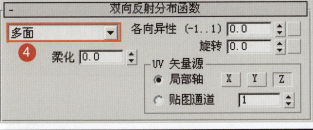

1：返回虫漆材质层，设置虫漆材质部分，设置漫反射颜色
2：设置反射颜色和反射参数
3：勾选"菲涅耳反射"复选框
4：设置各向异性类型
5：最终材质球效果
6：最终渲染效果

分析点评：
本例使用虫漆材质制作汽车表面的金属漆效果。虫漆材质分为两种：一种用于表现表面的亮度；另一种用于表现下层的金属颗粒效果。使用VRay混合材质可以很好地表现这种车漆。

112 水曲柳表面漆材质

应用领域：家具装饰

技术要点：
通过在反射通道添加衰减贴图及设置光泽度来表现水曲柳表面漆材质的高光和模糊反射效果；通过在凹凸通道添加贴图来表现水曲柳表面漆材质的凹凸效果。

思路分析：
设置基本材质+设置凹凸质感+设置各向异性效果

难度系数：★★★☆☆

 材质文件\YY\112

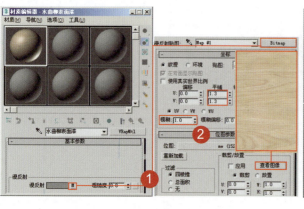

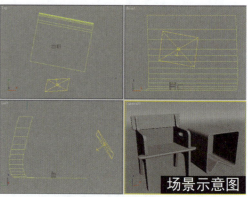

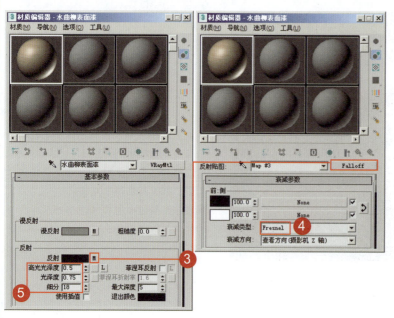

1：在漫反射通道添加贴图
2：设置位图参数
3：在反射通道添加衰减贴图
4：设置衰减类型
5：设置反射参数

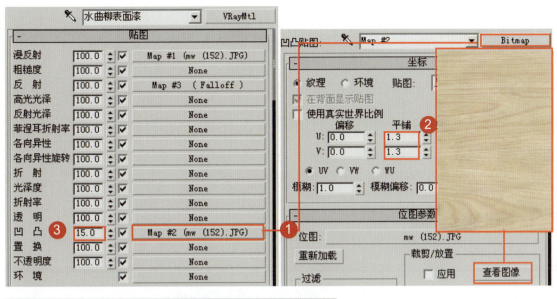

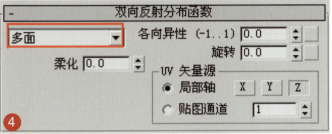

1：在凹凸通道添加贴图
2：设置位图参数
3：设置凹凸通道的贴图强度
4：设置各向异性效果
5：最终材质球效果

分析点评：
本例使用VRay材质制作水曲柳表面漆材质。该材质表面的高光和反射效果比较弱，具有模糊反射的特征，并且其表面具有细微的纹理质感。这些特征与地板材质有些类似，在进行设置时，切记反射效果和高光效果的不同之处，只有这样才能够制作出各种各样的优秀材质。

Y 油漆材质

113 乳胶漆材质

应用领域：家具装饰

技术要点：
通过在凹凸通道添加贴图来表现乳胶漆材质表面的凹凸效果

思路分析：
设置乳胶漆颜色+设置凹凸质感

难度系数：★★☆☆☆

 材质文件\Y\113

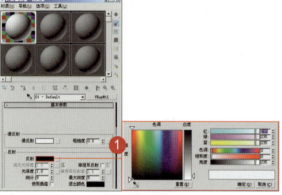

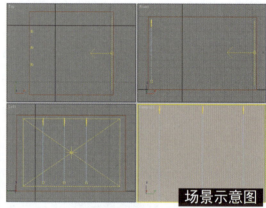

场景示意图

扩展案例\油漆3

1：设置反射颜色
2：在凹凸通道添加贴图
3：设置凹凸通道的贴图强度

分析点评：
本例使用VRay材质制作乳胶漆材质。乳胶漆是家居装饰中常用的装饰材质之一，如果近距离观察，可以看到墙体表面有细微的纹理质感，通过在凹凸通道添加贴图可以表现乳胶漆墙体表面的纹理质感。

植物材质——114~116

在效果图中表现绿色植物，其方法大体分为两种：一种是利用Photoshop粘贴照片以模拟真实场景；另一种则是通过3ds Max制作模型并为其赋予层次分明的VRay材质。两种方法各具优势，后者相对于前者而言虽然表现速度稍显逊色，但其最终表现效果往往更加逼真。

114 镂空花草材质

应用领域：陈设品装饰

技术要点：
通过在不透明度通道添加黑白贴图来制作镂空效果

思路分析：
设置基本参数+设置凹凸质感

难度系数： ★★☆☆☆

 材质文件\Z\114

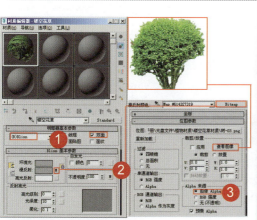

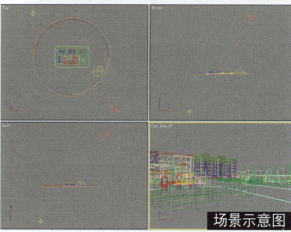

场景示意图

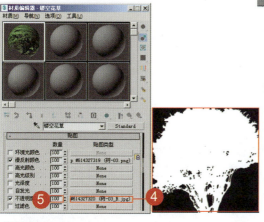

1：设置明暗器类型并勾选"双面"复选框
2：在漫反射通道添加贴图
3：设置位图参数
4：在不透明度通道添加黑白贴图
5：设置不透明度通道的贴图强度

扩展案例植物1

分析点评：

本例通过讲解镂空植物的制作方法，使读者从中领悟将黑白贴图应用于不透明度通道的制作原理，理解此设置方法对制作远景模型的重要意义，同时科学制作模型，以最终实现复杂模型在远景显示状态下兼备质量与速度的渲染目的。

115 仙人棒材质

应用领域：陈设品装饰

技术要点：
通过在漫反射通道添加衰减贴图来表现仙人棒主茎部分材质的表面颜色效果；通过在凹凸通道添加噪波贴图来表现主茎表面的凹凸质感

思路分析：
设置花盆材质+设置石子材质+设置绿色主茎材质+设置刺材质

难度系数：★★★★★

 材质文件\Z\115

1：设置花盆材质，在漫反射通道添加衰减贴图
2：设置衰减类型
3：在衰减贴图的前通道添加贴图
4：在衰减贴图的侧通道添加贴图
5：设置反射颜色和反射参数

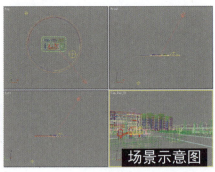

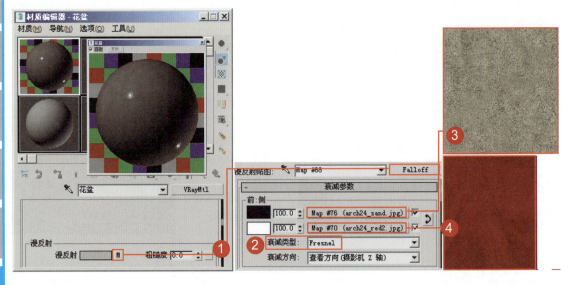

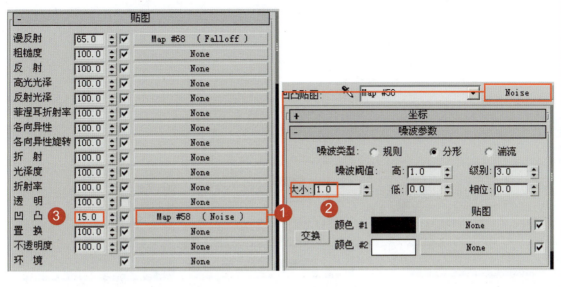

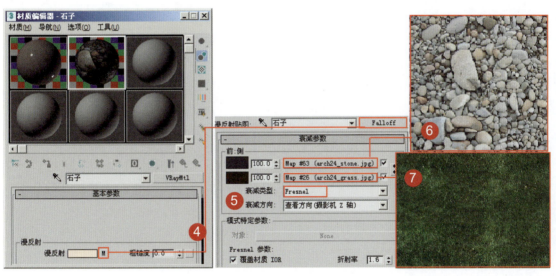

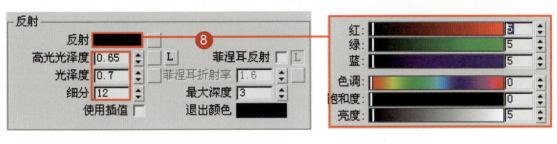

1：在凹凸通道添加噪波贴图
2：设置噪波大小
3：设置凹凸通道的贴图强度
4：设置石子材质，在漫反射通道添加衰减贴图
5：设置衰减类型
6：在衰减贴图的前通道添加贴图
7：在衰减贴图的侧通道添加贴图
8：设置反射颜色和反射参数

Z 植物材质

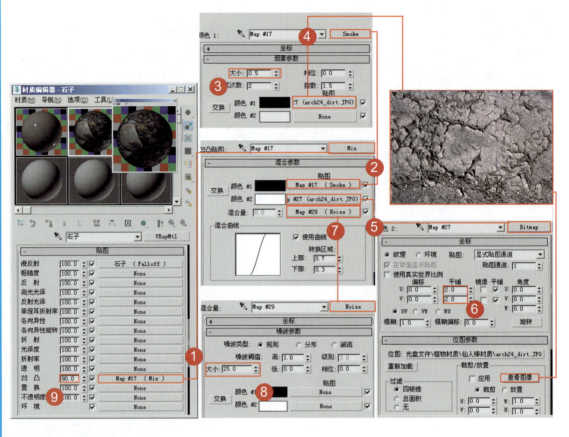

1：在凹凸通道添加混合贴图
2：在混合贴图的颜色1通道添加烟雾贴图
3：设置烟雾大小
4：在"烟雾参数"卷展栏中，在颜色1通道添加贴图
5：在混合贴图的颜色2通道添加贴图
6：设置位图参数
7：在混合贴图的混合量通道添加噪波贴图
8：设置噪波参数
9：返回材质层最上层，设置凹凸通道的贴图强度

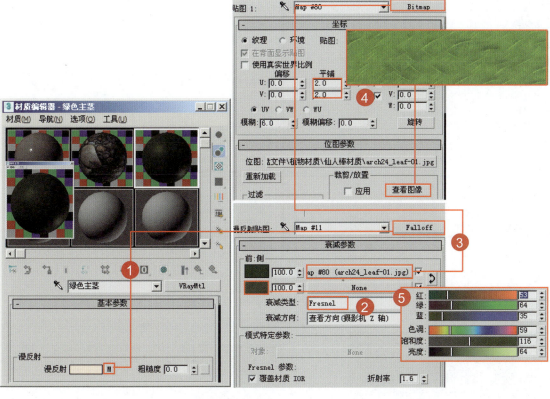

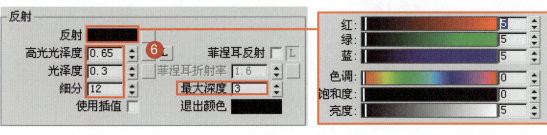

1：设置绿色主茎材质，在漫反射通道添加衰减贴图
2：设置衰减类型
3：在衰减贴图的前通道添加贴图
4：设置位图参数
5：更改衰减贴图的侧通道的颜色
6：设置反射颜色和反射参数

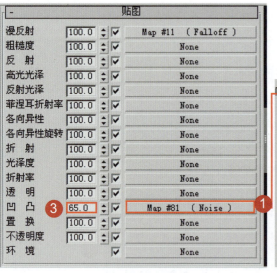
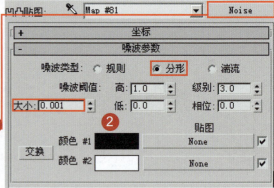
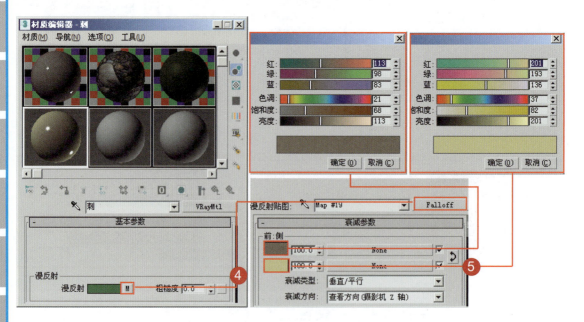

1：在凹凸通道添加噪波贴图
2：设置噪波大小
3：设置凹凸通道的贴图强度
4：设置刺材质，在漫反射通道添加衰减贴图
5：设置衰减颜色

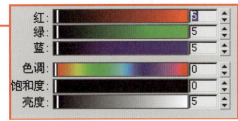

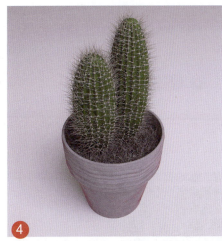

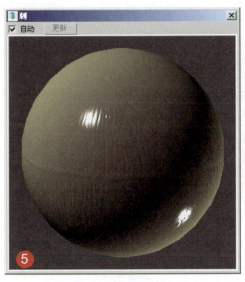

1：设置反射颜色和反射参数　　3：设置凹凸通道的贴图强度　　5：刺材质最终材质球效果
2：在凹凸通道添加贴图　　　　4：最终渲染效果

分析点评：
本例在制作仙人棒材质时分为4个部分，分别为花盆材质的制作、石子材质的制作、绿色主茎材质的制作和刺材质的制作，突出衰减、噪波等贴图的应用原理，运用不同贴图的程序叠加过程，从而塑造出类似于真实的仙人棒视觉效果。

116 盆栽材质

应用领域：陈设品装饰

技术要点：
通过在漫反射通道添加混合贴图来表现植物表面的颜色渐变效果；通过在折射通道和凹凸通道添加黑白贴图来表现植物表面的半透明效果和纹理质感

思路分析：
设置花盆材质+设置泥土材质+设置植物材质

难度系数： ★★★★☆

材质文件\Z\116

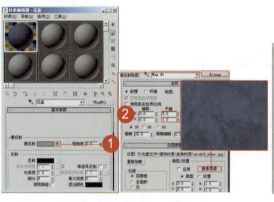

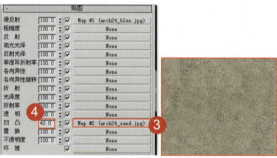

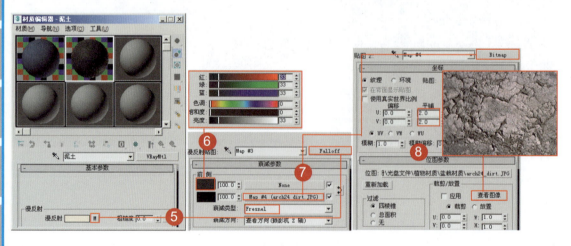

1：设置花盆材质，在漫反射通道添加贴图
2：设置位图参数
3：在凹凸通道添加贴图
4：设置凹凸通道的贴图强度
5：设置泥土材质，在漫反射通道添加衰减贴图
6：设置衰减颜色和衰减类型
7：在衰减贴图的侧通道添加贴图
8：设置位图参数

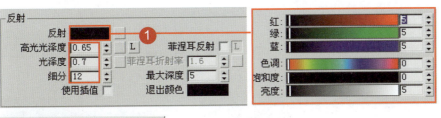

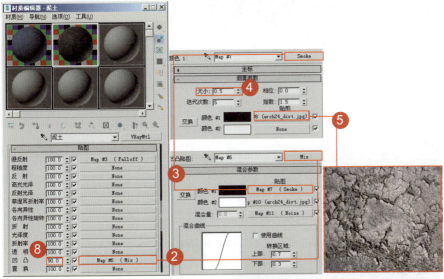

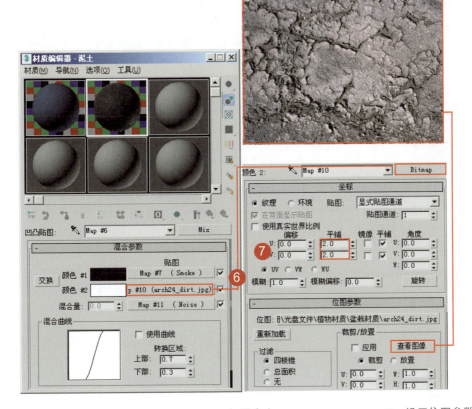

1：设置反射颜色和反射参数
2：在凹凸通道添加混合贴图
3：在混合贴图的颜色1通道添加烟雾贴图
4：设置烟雾大小
5：在烟雾贴图的颜色1通道添加贴图
6：在混合贴图的颜色2通道添加贴图
7：设置位图参数
8：返回材质层最上层，设置凹凸通道的贴图强度

Z 植物材质

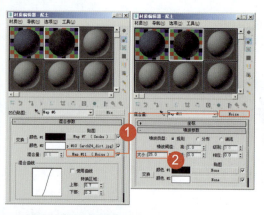
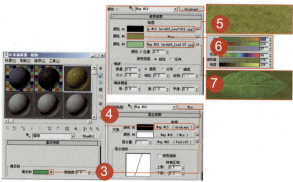
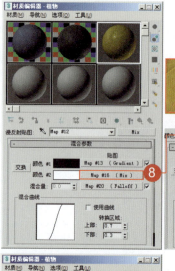
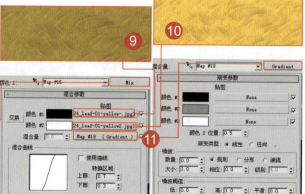
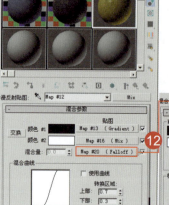
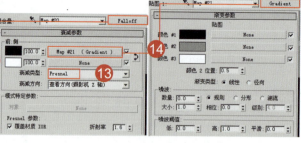

1：在混合贴图的混合量通道添加噪波贴图
2：设置噪波大小
3：设置植物材质，在漫反射通道添加混合贴图
4：在混合贴图的颜色1通道添加渐变贴图
5：在渐变贴图的颜色1通道添加贴图
6：修改渐变贴图的颜色2通道的颜色
7：在渐变贴图的颜色3通道添加贴图
8：返回混合材质层，在颜色2通道添加第二个混合贴图
9：在第二个混合贴图的颜色1通道添加贴图
10：在第二个混合贴图的颜色2通道添加贴图
11：在第二个混合贴图的混合量通道添加渐变贴图
12：返回混合材质层，在混合量通道添加衰减贴图
13：设置衰减类型
14：在衰减贴图的前通道添加渐变贴图

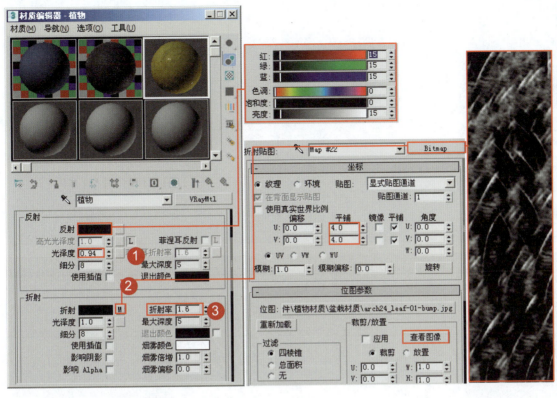

1：设置反射颜色和反射参数　　4：在凹凸通道添加贴图
2：在折射通道添加贴图　　　　5：设置凹凸通道的贴图强度
3：设置折射率

分析点评：
本例在制作泥土材质时使用了衰减贴图和凹凸贴图，通过对烟雾材质和泥土贴图进行混合制作出随机效果。植物叶片则通过在遮罩通道添加衰减贴图来控制表面效果。

第二部分

灯光部分

C 厨卫及混合灯光
——001~010

本章介绍了厨房、卫生间、餐厅及其他空间的灯光的制作方法，并通过案例介绍了每个场景是如何运用不同的灯光来表现的，以及在不同的环境中该用哪些灯光。希望下面的讲解能给大家带来一定的收获，并帮助大家制作出更精美的作品。

001 镜前灯光

应用领域：室内灯光

技术要点：
使用目标灯光结合光域网制作镜前灯光效果

思路分析：
设置目标灯效果+设置渲染效果

难度系数：★★★☆☆

灯光文件\C\001

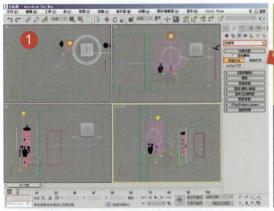

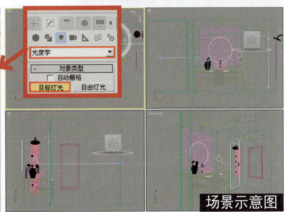

场景示意图

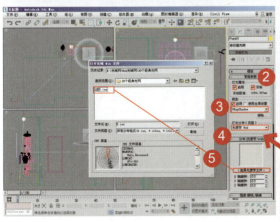

1：在场景中创建一盏目标灯光
2：勾选"灯光属性"选项组中的"启用"和"目标"复选框
3：勾选"阴影"选项组中的"启用"复选框并设置阴影类型
4：设置灯光分布类型

5：添加光度学文件
6：设置灯光颜色类型
7：设置灯光过滤颜色
8：设置灯光强度类型和数值

C 厨卫及混合灯光

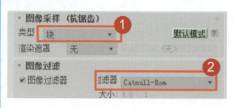
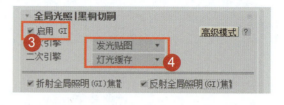
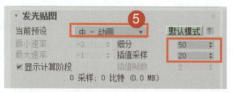
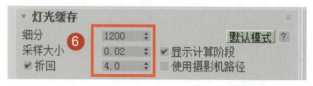

1：设置图像采样器类型
2：勾选"图像过滤器"复选框并设置其方式
3：勾选"启用GI"复选框
4：设置首次引擎和二次引擎
5：设置当前预设和基本参数
6：设置灯光缓存的计算参数
7：设置灯光后的渲染效果
8：最终渲染效果

分析点评：
本例使用目标灯光结合光域网来制作镜前灯光效果。筒灯是照明中常见的灯光类型之一。根据光域网类型的不同，灯光分为筒灯、射灯及台灯等种类。在制作灯光时，可以根据不同的需要选择不同的光域网类型，从而制作出不同种类的灯光效果。

002 玻璃后透光

应用领域：室内灯光

技术要点：
使用VRay灯光制作玻璃后透光效果

思路分析：
设置目标灯光效果+设置渲染效果

难度系数： ★★★☆☆

灯光文件\C\002

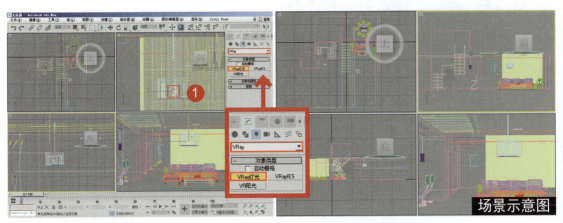

场景示意图

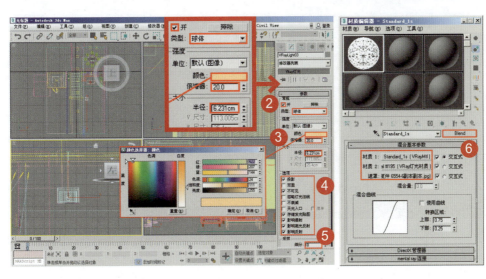

1：在场景中创建一盏VRay灯光
2：勾选"常规"选项组中的"开"复选框并设置灯光类型
3：设置灯光颜色和倍增器值
4：设置灯光大小和选项
5：设置采样细分值
6：设置灯罩材质，设置材质球为混合材质

C 厨卫及混合灯光

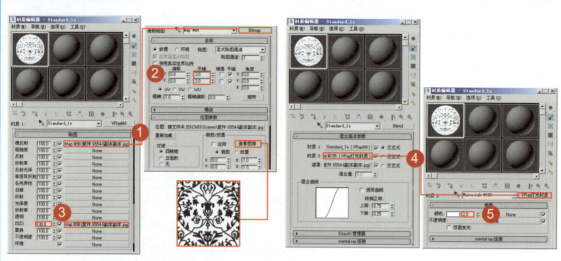

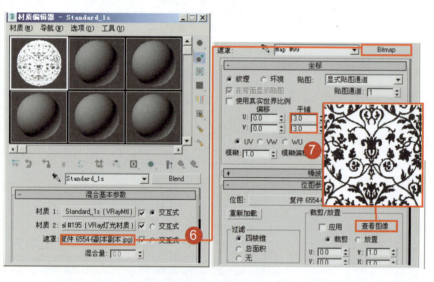

1：在漫反射通道添加贴图
2：设置位图平铺值
3：设置凹凸通道的贴图强度
4：在混合材质的材质2通道添加VRay灯光材质贴图
5：设置VRay灯光材质贴图的强度
6：在混合材质的遮罩通道添加贴图
7：设置位图平铺值
8：设置灯光后的渲染效果

分析点评：

本例使用目标灯光结合光域网制作玻璃后透光效果。筒灯是照明中常见的灯光类型之一。根据光域网类型的不同，灯光分为筒灯、射灯及台灯等种类。在制作灯光时，可以根据不同的需要选择不同的光域网类型，从而制作出不同种类的灯光效果。

003 浴霸灯光

应用领域：室内灯光

技术要点：
使用目标灯光制作浴霸灯光效果

思路分析：
设置灯光的位置和大小+设置灯光参数

难度系数： ★★★☆☆

灯光文件\C\003

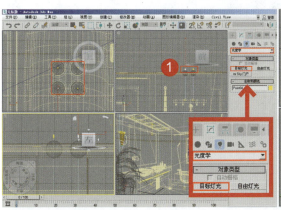
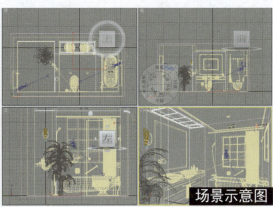

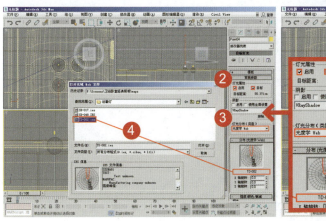
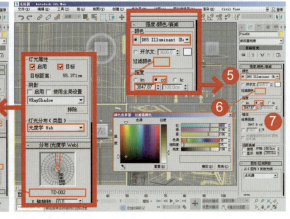

1：在浴霸灯泡位置创建4盏目标灯光
2：勾选"灯光属性"选项组中的"启用"和"目标"复选框
3：设置灯光分布类型
4：为灯光指定光域网文件
5：设置灯光颜色类型
6：设置灯光过滤颜色
7：设置灯光强度类型和数值

C 厨卫及混合灯光

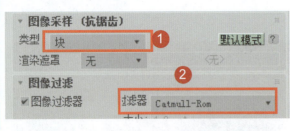
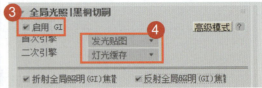
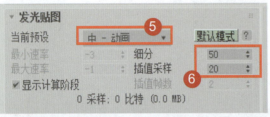

1：设置图像采样器类型
2：勾选"图像过滤器"复选框并设置其方式
3：勾选"启用GI"复选框
4：设置首次引擎和二次引擎
5：设置当前预设
6：设置基本参数
7：设置灯光缓存的计算参数
8：设置灯光后的渲染效果
9：最终渲染效果

分析点评：
本例使用目标灯光结合光域网制作浴霸灯光效果。通过设置灯光基本参数，为灯光添加光域网文件。在制作灯光时，可以根据不同的需要选择不同的光域网类型，从而制作出不同种类的灯光效果。

004 蜡烛灯光

应用领域：室内灯光

技术要点：
使用泛光灯制作蜡烛灯光效果

思路分析：
设置泛光灯+设置渲染效果

难度系数： ★★★☆☆

灯光文件\C\004

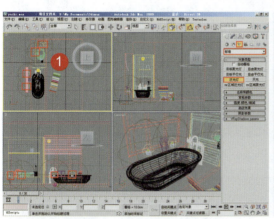
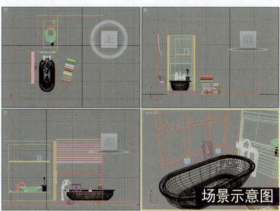

场景示意图

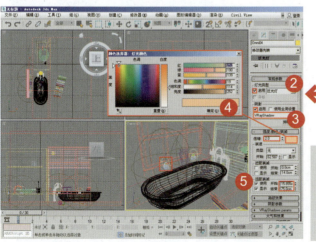

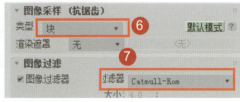

1：在蜡烛顶部位置创建4盏泛光灯
2：勾选"灯光类型"选项组中的"启用"复选框
3：勾选"阴影"选项组中的"启用"复选框并设置阴影类型
4：设置灯光颜色和倍增值
5：设置灯光远距衰减范围
6：设置图像采样器类型
7：勾选"图像过滤器"复选框并设置其方式

C 厨卫及混合灯光

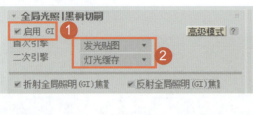
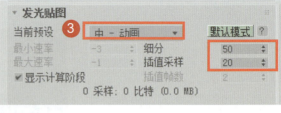

1：勾选"启用GI"复选框
2：设置首次引擎和二次引擎
3：设置发光贴图的当前预设
4：设置灯光缓存的计算参数
5：设置灯光后的渲染效果
6：最终渲染效果

分析点评：
本例使用泛光灯制作蜡烛灯光效果，通过调整泛光灯的强度和远距衰减范围，制作出逼真的蜡烛灯光效果。

005 窗外透光

应用领域：室外灯光

技术要点：
使用VRay灯光制作窗外透光效果

思路分析：
设置VRay灯光效果+设置渲染效果

难度系数： ★★★☆☆

灯光文件\C\005

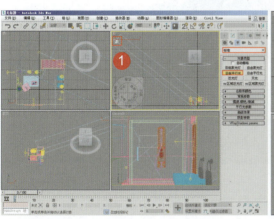

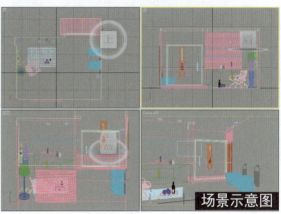

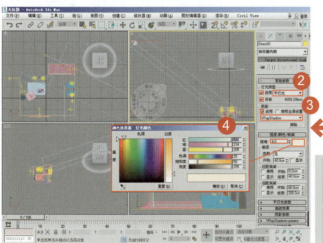

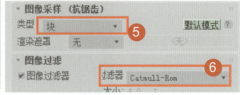

1：在窗外位置创建一盏目标平行光
2：勾选"灯光类型"选项组中的"启用"和"目标"复选框并设置灯光类型
3：勾选"阴影"选项组中的"启用"复选框并设置阴影类型
4：设置灯光颜色和倍增值
5：设置图像采样器类型
6：勾选"图像过滤器"复选框并设置其方式

C 厨卫及混合灯光

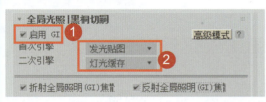
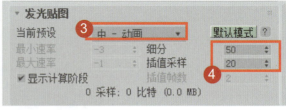
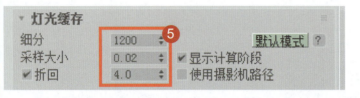

1：勾选"启用GI"复选框
2：设置首次引擎和二次引擎
3：设置发光贴图的当前预设
4：设置基本参数
5：设置灯光缓存的计算参数
6：设置灯光后的渲染效果
7：最终渲染效果

分析点评：
本例使用目标平行光制作窗外透光效果，通过调整目标平行光的强度和颜色，制作出逼真的透光效果。

006 纱布窗帘透光

应用领域：室外灯光

技术要点：
使用VRay灯光制作纱布窗帘透光效果

思路分析：
设置VRay灯光效果+设置渲染效果

难度系数： ★★★☆☆

灯光文件\C\006

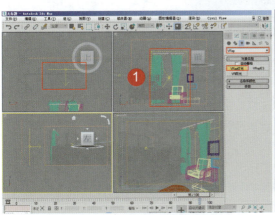
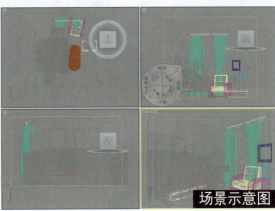

场景示意图

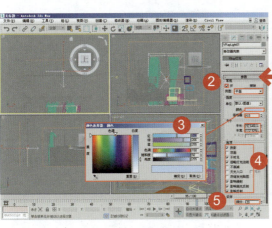
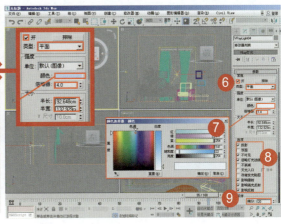

1：在窗外位置创建一盏VRay灯光
2：勾选"常规"选项组中的"开"复选框并设置灯光类型
3：设置灯光颜色和倍增器值
4：设置灯光大小和选项
5：设置灯光细分值
6：在窗外创建一盏面光源
7：设置灯光颜色和倍增器值
8：设置灯光大小和选项
9：设置灯光细分值

C 厨卫及混合灯光

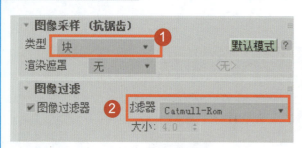

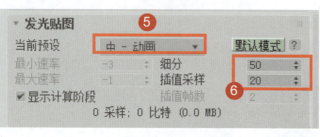

1：设置图像采样器类型
2：勾选"图像过滤器"复选框并设置其方式
3：勾选"启用GI"复选框
4：设置首次引擎和二次引擎
5：设置发光贴图的当前预设
6：设置基本参数
7：设置灯光缓存的计算参数
8：设置灯光后的渲染效果
9：最终渲染效果

分析点评：

本例使用VRay灯光制作纱布窗帘透光效果，通过设置和调整每盏窗外和窗内的目标平行光，制作出逼真的阳光照明效果。

007 百叶窗透光

应用领域：室外灯光

技术要点：
使用目标平行光制作百叶窗透光效果

思路分析：
设置目标平行光效果+设置渲染效果

难度系数： ★★★☆☆

 灯光文件\C\007

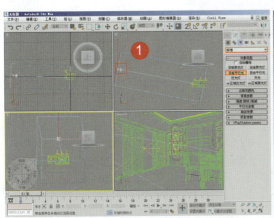
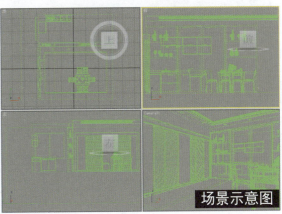

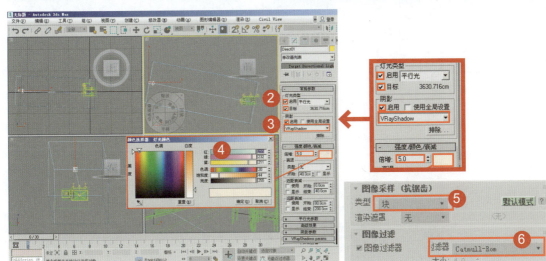

1：在窗外位置创建一盏目标平行光
2：勾选"灯光类型"选项组中的"启用"和"目标"复选框
3：勾选"阴影"选项组中的"启用"复选框并设置阴影类型
4：设置灯光颜色和倍增值
5：设置图像采样器类型
6：勾选"图像过滤器"复选框并设置其方式

C 厨卫及混合灯光

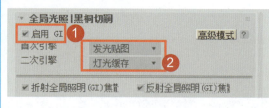
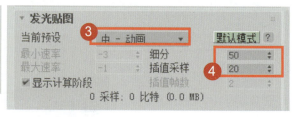
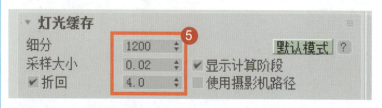

1：勾选"启用GI"复选框
2：设置首次引擎和二次引擎
3：设置发光贴图的当前预设
4：设置基本参数
5：设置灯光缓存的计算参数
6：设置灯光后的渲染效果
7：最终渲染效果

分析点评：
本例使用目标平行光制作百叶窗透光效果，通过调整目标平行光的颜色和倍增值，制作出逼真的阳光照明效果。

008 体积光

应用领域：室外灯光

技术要点：
通过添加体积光及在"高级效果"卷展栏中添加黑白贴图来表现体积光的质感

思路分析：
设置目标平行光效果+设置渲染效果

难度系数： ★★★☆☆

灯光文件\C\008

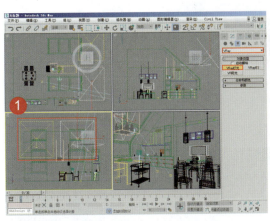
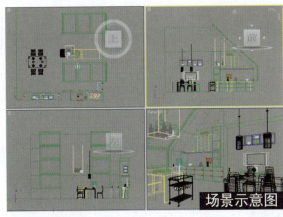

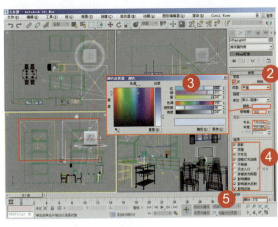
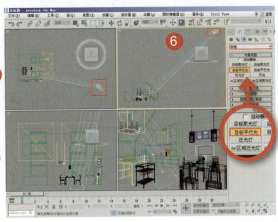

1：在窗外位置创建两盏VRay灯光
2：勾选"常规"选项组中的"开"复选框并设置灯光类型
3：设置灯光颜色和倍增器值
4：设置灯光大小和选项
5：设置灯光细分值
6：在窗外位置创建两盏目标平行光

C 厨卫及混合灯光

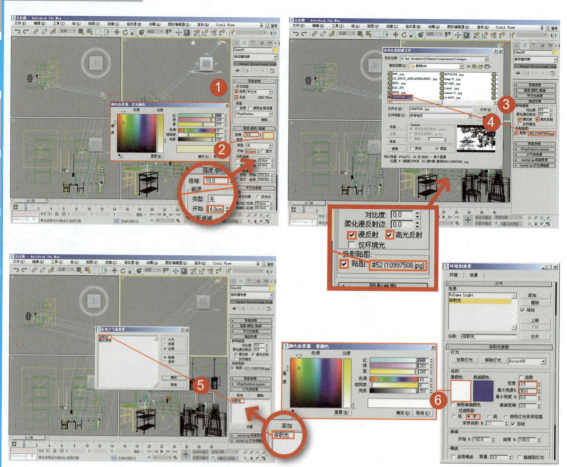

1：勾选"灯光类型"选项组中的"启用"和"目标"复选框
2：设置灯光颜色、倍增值和衰退开始值
3：勾选"漫反射"和"高光反射"复选框
4：勾选"贴图"复选框并设置贴图路径
5：为场景添加体积光
6：设置雾颜色和参数
7：设置灯光后的渲染效果

分析点评：
本例使用目标平行光结合体积光特效制作体积光效果。3ds Max提供了一种体积光，这种体积光能够产生非常有形的光束，可以用来制作光芒放射的效果；虽然其渲染速度较慢，但效果很好。

009 浴室混合照明

应用领域：室内灯光

技术要点：
使用合适的灯光制作逼真的浴室混合照明效果

思路分析：
设置每个灯光效果+设置渲染效果

难度系数： ★★★★☆

 灯光文件\C\009

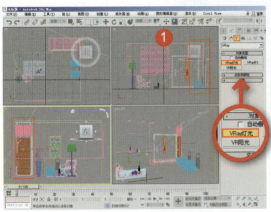

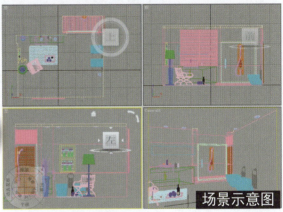

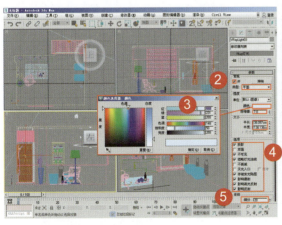

1：在窗外位置创建一盏VRay灯光
2：勾选"常规"选项组中的"开"复选框并设置灯光类型
3：设置灯光颜色和倍增器值
4：设置灯光大小和选项
5：设置灯光细分值
6：在窗外位置创建一盏目标平行光
7：勾选"灯光类型"选项组中的"启用"和"目标"复选框
8：勾选"阴影"选项组中的"启用"复选框并设置阴影类型
9：设置灯光颜色和倍增值

C 厨卫及混合灯光

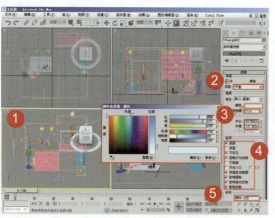
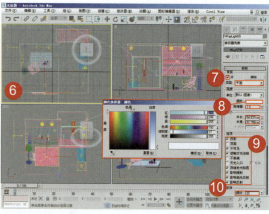
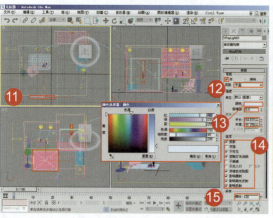
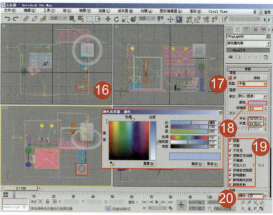
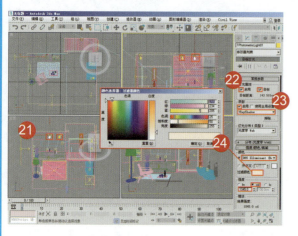

1：在门口位置创建一盏VRay灯光
2：勾选"常规"选项组中的"开"复选框并设置灯光类型
3：设置灯光颜色和倍增器值
4：设置灯光大小和选项
5：设置灯光细分值
6：在另一扇窗户位置创建一盏VRay灯光
7：勾选"常规"选项组中的"开"复选框并设置灯光类型
8：设置灯光颜色和倍增器值
9：设置灯光大小和选项
10：设置灯光细分值
11：在窗外位置创建一盏VRay灯光
12：勾选"常规"选项组中的"开"复选框并设置灯光类型
13：设置灯光颜色和倍增器值
14：设置灯光大小和选项
15：设置灯光细分值
16：在马桶位置创建一盏VRay灯光
17：勾选"常规"选项组中的"开"复选框并设置灯光类型
18：设置灯光颜色和倍增器值
19：设置灯光大小和选项
20：设置灯光细分值
21：在灯筒位置创建4盏目标灯光
22：勾选"灯光属性"选项组中的"启用"和"目标"复选框
23：勾选"阴影"选项组中的"启用"复选框并设置阴影类型
24：设置灯光过滤颜色和灯光强度

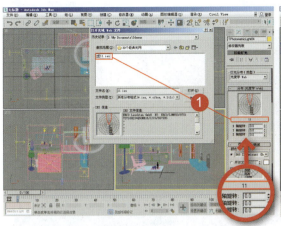
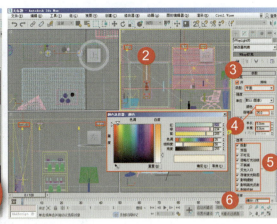
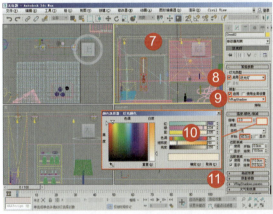

1：为灯光指定光域网文件
2：在灯筒的灯罩下面创建一盏VRay灯光
3：勾选"常规"选项组中的"开"复选框并设置灯光类型
4：设置灯光颜色和倍增器值
5：设置灯光大小和选项
6：设置灯光细分值
7：在灯筒位置创建一盏泛光灯
8：勾选"灯光类型"选项组中的"启用"复选框并设置灯光类型
9：勾选"阴影"选项组中的"启用"复选框并设置阴影类型
10：设置灯光颜色和倍增值
11：设置灯光远距衰减范围
12：设置灯光后的渲染效果
13：最终渲染效果

分析点评：
本例使用多种灯光制作浴室混合照明效果，通过调整各个灯光效果，制作出逼真的混合照明效果。

C 厨卫及混合灯光

010 温馨浴室照明

应用领域：室内灯光

技术要点：
使用合适的灯光制作温馨浴室照明效果

思路分析：
设置灯光效果+设置渲染效果

难度系数：★★★★☆

灯光文件\C\010

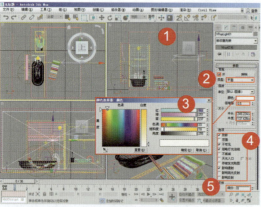

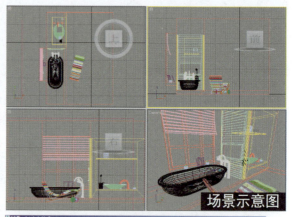

场景示意图

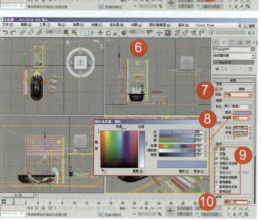

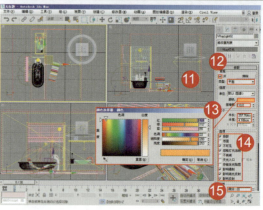

1：在浴室左面创建一盏VRay灯光
2：勾选"常规"选项组中的"开"复选框并设置灯光类型
3：设置灯光颜色和倍增器值
4：设置灯光大小和选项
5：设置灯光细分值
6：在窗户位置创建一盏VRay灯光
7：勾选"常规"选项组中的"开"复选框并设置灯光类型
8：设置灯光颜色和倍增器值
9：设置灯光大小和选项
10：设置灯光细分值
11：在地面灯槽位置创建一盏VRay灯光
12：勾选"常规"选项组中的"开"复选框并设置灯光类型
13：设置灯光颜色和倍增器值
14：设置灯光大小和选项
15：设置灯光细分值

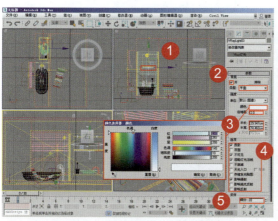
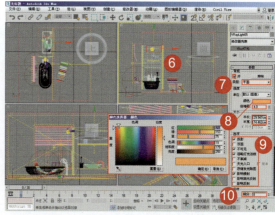
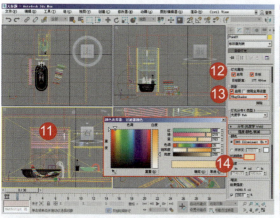
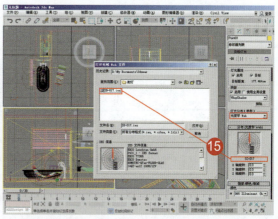
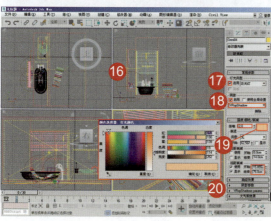
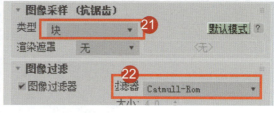

1：在水盆上面创建一盏VRay灯光
2：勾选"常规"选项组中的"开"复选框并设置灯光类型
3：设置灯光颜色和倍增器值
4：设置灯光大小和选项
5：设置灯光细分值
6：在水盆上面第一层的上部创建一盏VRay灯光
7：勾选"常规"选项组中的"开"复选框并设置灯光类型
8：设置灯光颜色和倍增器值
9：设置灯光大小和选项

10：设置灯光细分值
11：在电视机的上方创建一盏目标灯光
12：勾选"灯光属性"选项组中的"启用"和"目标"复选框
13：勾选"阴影"选项组中的"启用"复选框并设置阴影类型
14：设置过滤颜色和颜色类型
15：为灯光指定光域网文件
16：在蜡烛火焰位置创建泛光灯
17：勾选"灯光类型"选项组中的"启用"复选框并设置灯光类型
18：勾选"阴影"选项组中的"启用"复选框并设置阴影类型
19：设置灯光颜色和倍增值
20：设置灯光远距衰减范围
21：设置图像采样器类型
22：勾选"图像过滤器"复选框并设置其方式

C 厨卫及混合灯光

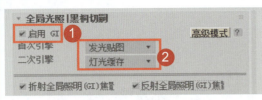
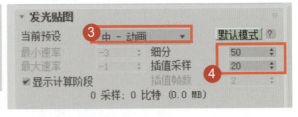
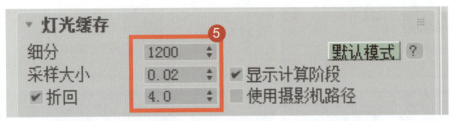

1：勾选"启用GI"复选框
2：设置首次引擎和二次引擎
3：设置发光贴图的当前预设
4：设置基本参数
5：设置灯光缓存的计算参数
6：设置灯光后的渲染效果
7：最终渲染效果

分析点评：
本例制作了一个夜景中的温馨浴室照明效果，运用各种灯光营造了一种温馨的效果，采用柔和的灯光营造了浪漫的气氛，给人带来一种身心愉悦的感受。

客厅灯光——011~021

本章介绍客厅灯光的制作方法，不仅对客厅中常用的灯光，以及如何运用好各个灯光的参数进行了介绍，而且系统地介绍了几个卧室的整体照明效果和参数设置。希望下面的讲解能给大家带来一定的收获，并帮助大家制作出更精美的作品。

011 吊灯

应用领域：室内灯光

技术要点：
使用球形光源和面光源制作吊灯效果

思路分析：
设置球形光源灯光效果+设置面光源灯光效果

难度系数： ★★★☆☆

灯光文件\K\011

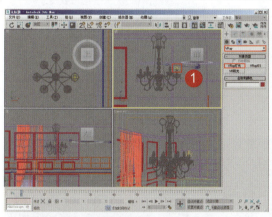

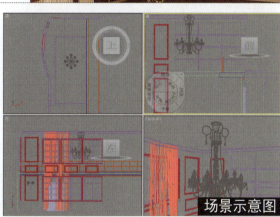

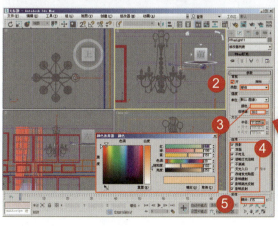

1：在吊灯灯泡位置创建一盏VRay灯光
2：勾选"常规"选项组中的"开"复选框并设置灯光类型
3：设置灯光颜色和倍增器值
4：设置灯光大小和选项
5：设置灯光细分值
6：将已经设置好的灯光复制给其他灯泡

K 客厅灯光

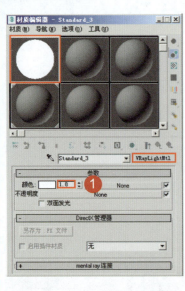
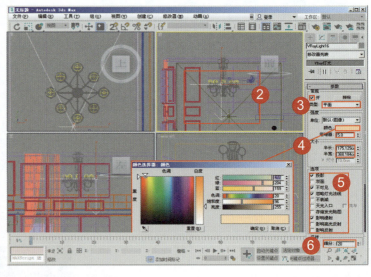

1：设置颜色通道的贴图强度
2：在场景中创建一盏VRay灯光
3：勾选"常规"选项组中的"开"复选框并设置灯光类型
4：设置灯光颜色和倍增器值
5：设置灯光大小和选项
6：设置灯光细分值
7：设置灯光后的渲染效果
8：最终渲染效果

分析点评：
本例使用球形光源和面光源制作吊灯效果。吊灯是家居装饰中常用的灯具类型之一，在制作效果图时，最能表现吊灯效果的方法是使用泛光灯，不过使用球形光源和目标灯光也是不错的选择。

012 筒灯

应用领域：室内灯光

技术要点：
使用目标灯光结合光域网制作筒灯效果

思路分析：
设置目标灯光+设置渲染效果

难度系数： ★★★☆☆

灯光文件\K\012

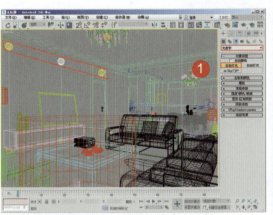

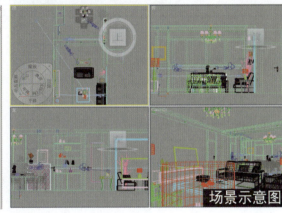

场景示意图

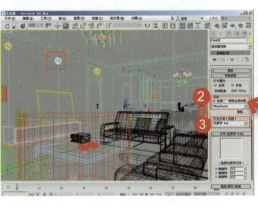

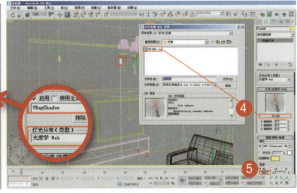

1：在筒灯位置创建3盏目标灯光
2：勾选"阴影"选项组中的"启用"复选框并设置阴影类型
3：设置灯光分布类型
4：为灯光指定光域网文件
5：设置灯光强度

K 客厅灯光

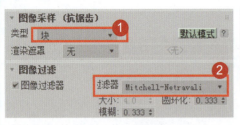
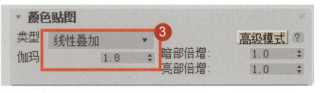
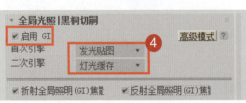
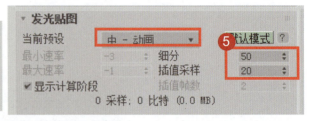

1：设置图像采样器类型
2：勾选"图像过滤器"复选框并设置其方式
3：设置颜色贴图的类型和参数
4：勾选"启用GI"复选框并设置首次引擎和二次引擎
5：设置发光贴图的当前预设和基本参数
6：设置灯光后的渲染效果
7：最终渲染效果

分析点评：

本例使用目标灯光结合光域网制作筒灯效果。筒灯是照明中常见的灯光类型之一。根据光域网类型的不同，灯光分为筒灯、射灯及台灯等种类。在制作灯光时，可以根据不同的需要选择不同的光域网类型，从而制作出不同种类的灯光效果。

013 灯槽

应用领域：室内灯光

技术要点：
使用VRay灯光制作灯槽效果

思路分析：
设置灯光位置和大小效果 +
设置灯光参数

难度系数： ★★★☆☆

灯光文件\K\013

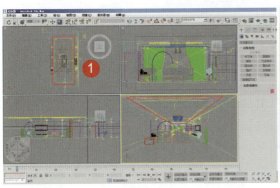
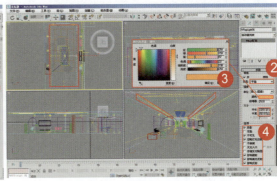
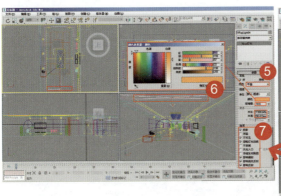
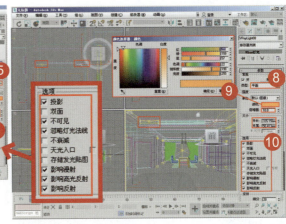

1：在顶棚的灯槽内创建5盏VRay灯光
2：设置两侧灯槽灯光的类型
3：设置两侧灯槽灯光的颜色
4：设置两侧灯槽灯光的大小和选项
5：设置正面灯光的类型
6：设置正面灯光的颜色和倍增器值
7：设置正面灯光的大小和选项
8：设置后面灯槽灯光的类型
9：设置后面灯槽灯光的颜色和倍增器值
10：设置后面灯槽灯光的大小和选项

K 客厅灯光

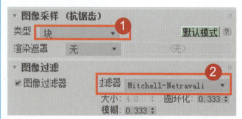

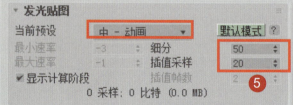

1：设置图像采样器类型
2：勾选"图像过滤器"复选框并设置其方式
3：设置颜色贴图的类型和参数
4：勾选"启用GI"复选框并设置首次引擎和二次引擎
5：设置发光贴图的当前预设和基本参数
6：设置灯光后的渲染效果
7：最终渲染效果

分析点评：

本例使用VRay灯光制作灯槽效果。灯槽是家居装饰中常用的灯具类型之一，在制作效果图时，最能表现灯槽效果的方法是使用面光源。

014 射灯

应用领域：室内灯光

技术要点：
使用目标灯光结合光域网制作射灯效果

思路分析：
设置目标灯光效果+设置渲染效果

难度系数： ★★★☆☆

灯光文件\K\014

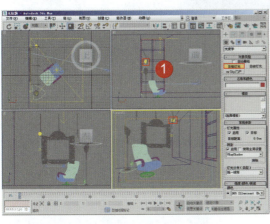

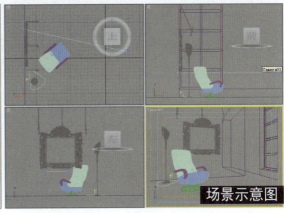

场景示意图

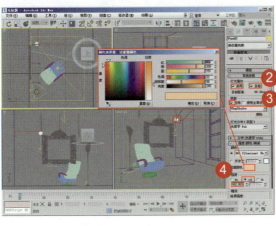

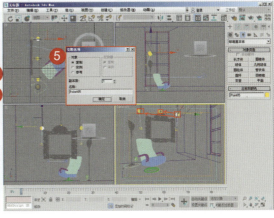

1：在射灯位置创建一盏目标灯光
2：勾选"灯光属性"选项组中的"启用"和"目标"复选框
3：勾选"阴影"选项组中的"启用"复选框并设置阴影类型
4：设置灯光过滤颜色和强度
5：将已经设置好的灯光复制给其他两个射灯

K 客厅灯光

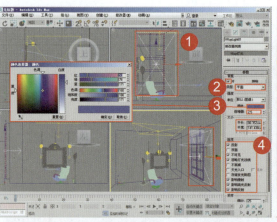
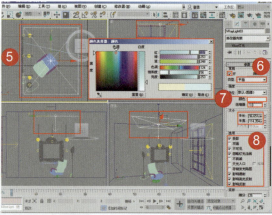

1：在场景窗户外面创建一盏VRay灯光
2：勾选"常规"选项组中的"开"复选框并设置灯光类型
3：设置灯光颜色和倍增器值
4：设置灯光大小和选项
5：在场景顶部创建一盏VRay灯光
6：勾选"常规"选项组中的"开"复选框并设置灯光类型
7：设置灯光颜色和倍增器值
8：设置灯光大小和选项
9：设置灯光后的渲染效果
10：最终渲染效果

分析点评：

本例用目标灯光结合光域网制作射灯效果。射灯是家居装饰中常用的灯具类型之一，在制作效果图时，使用不同的光域网可以表现不同的照射效果。

015 壁灯

应用领域：室内灯光

技术要点：
使用球形面光源制作壁灯效果

思路分析：
设置球形面光源+设置渲染效果

难度系数： ★★★☆☆

灯光文件\K\015

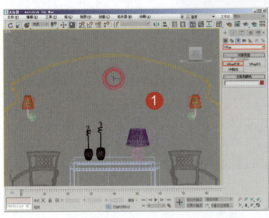

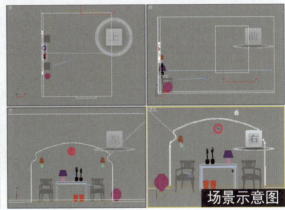

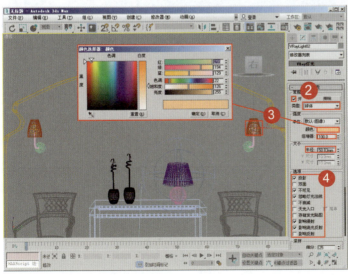

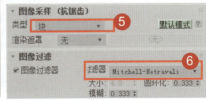

1：在场景中创建两盏VRay灯光
2：勾选"常规"选项组中的"开"复选框并设置灯光类型
3：设置灯光颜色和倍增器值
4：设置灯光大小和选项
5：设置图像采样器类型
6：勾选"图像过滤器"复选框并设置其方式

K 客厅灯光

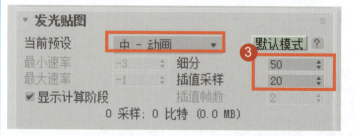

1：设置颜色贴图的类型和参数
2：勾选"启用GI"复选框并设置首次引擎和二次引擎
3：设置发光贴图的当前预设和基本参数
4：设置灯光后的渲染效果
5：最终渲染效果

分析点评：

本例使用球形面光源制作壁灯效果。制作壁灯效果的方法有很多种，除了使用球形面光源，还可以使用泛光灯、目标灯光及光域网等。同时，只要对壁灯的颜色和强度进行适当的设置，就能制作出逼真的壁灯效果。

016 地灯

应用领域：室内灯光

技术要点：
使用球形面光源制作地灯效果

思路分析：
设置球形面光源效果+设置渲染效果

难度系数： ★★★☆☆

灯光文件\K\016

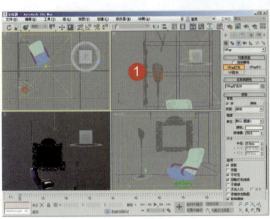
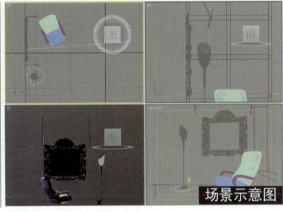

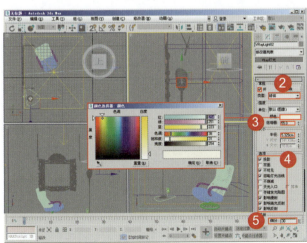

1：在场景中创建一盏VRay灯光
2：勾选"常规"选项组中的"开"复选框并设置灯光类型
3：设置灯光颜色和倍增器值
4：设置灯光大小和选项
5：设置灯光细分值
6：设置图像采样器类型
7：勾选"图像过滤器"复选框并设置其方式

K 客厅灯光

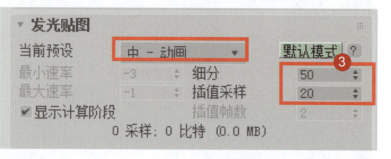

1：设置颜色贴图的类型和参数
2：勾选"启用GI"复选框并设置首次引擎和二次引擎
3：设置发光贴图的当前预设和基本参数
4：设置灯光后的渲染效果
5：最终渲染效果

灯光文件\W\032

灯光文件\W\034

分析点评：
本例制作的地灯灯光向上照明，但由于地灯是半透明的，因此还需要给整个环境制作一个球形灯，使它照亮整个场景。在制作球形灯时，可以调整这个球形灯的衰减范围，使其产生自然的光线过渡效果。

017 装饰灯

应用领域：室内灯光

技术要点：
使用平面光源制作装饰灯效果

思路分析：
设置平面光源效果+设置渲染效果

难度系数： ★★★☆☆

灯光文件\K\017

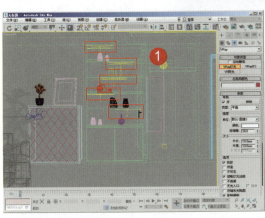

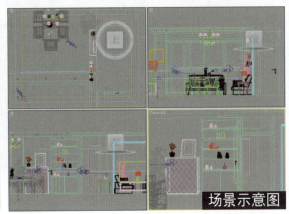

场景示意图

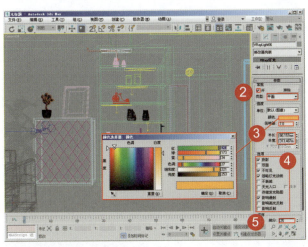

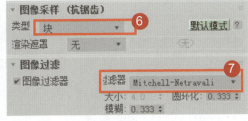

1：在场景中创建5盏VRay灯光
2：勾选"常规"选项组中的"开"复选框并设置灯光类型
3：设置灯光颜色和倍增器值
4：设置灯光大小和选项
5：设置灯光细分值
6：设置图像采样器类型
7：勾选"图像过滤器"复选框并设置其方式

K 客厅灯光

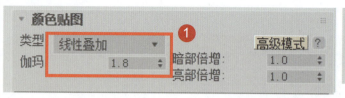

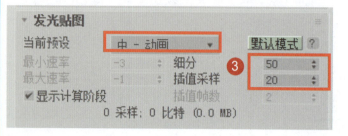

1：设置颜色贴图的类型和参数
2：勾选"启用GI"复选框并设置首次引擎和二次引擎
3：设置发光贴图的当前预设和基本参数
4：设置灯光后的渲染效果
5：最终渲染效果

分析点评：
本例使用平面光源制作装饰灯效果。通过设置灯光的强度和颜色来制作逼真的装饰灯效果，同时通过设置灯光的不同颜色可以制作出不同的装饰灯效果。

018 电视屏幕光

应用领域：室内灯光

技术要点：
使用灯光贴图结合面光源表现电视屏幕光效果

思路分析：
设置电视屏幕材质+设置电视照明和渲染效果

难度系数： ★★★☆☆

灯光文件\K\018

场景示意图

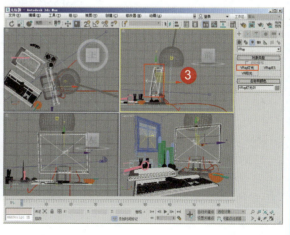

1：设置材质类型为VRay灯光材质
2：在VRay灯光材质的颜色通道添加贴图
3：在电视屏幕处创建一盏VRay灯光

K 客厅灯光

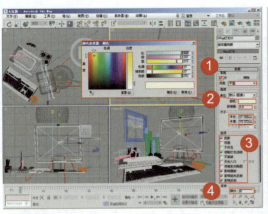 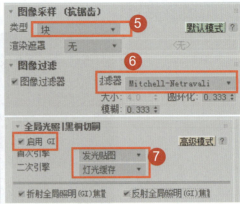

 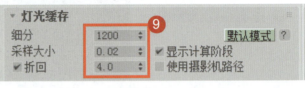

1：勾选"常规"选项组中的"开"复选框并设置灯光类型
2：设置灯光颜色和倍增器值
3：设置灯光大小和选项
4：设置灯光细分值
5：设置图像采样器类型
6：勾选"图像过滤器"复选框并设置其方式
7：勾选"启用GI"复选框并设置首次引擎和二次引擎
8：设置发光贴图的当前预设和基本参数
9：设置灯光缓存的计算参数
10：设置灯光后的渲染效果
11：最终渲染效果

分析点评：

本例使用灯光贴图结合面光源模拟电视屏幕光效果。电视屏幕光是日常生活中常见的现象，只要仔细观察就不难发现。电视屏幕具有耀眼的光芒，也就是说，它具有自发光效果，同时电视屏幕能起到照明的作用，所以在制作电视屏幕光效果时只要结合这两方面的特征，就可以制作出栩栩如生的电视屏幕光效果。

019 台灯

应用领域：室内灯光

技术要点：
使用球形面光源制作台灯效果

思路分析：
设置球形面光源效果+设置渲染效果

难度系数： ★★★☆☆

灯光文件\K\019

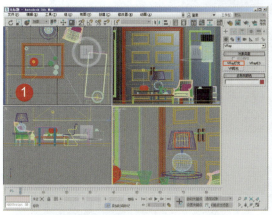
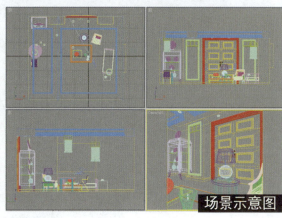

场景示意图

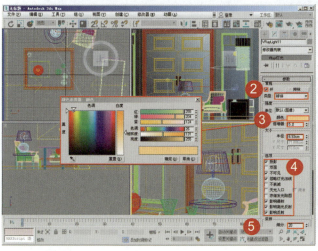
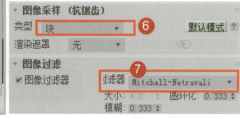

1：在场景中创建一盏VRay灯光
2：勾选"常规"选项组中的"开"复选框并设置灯光类型
3：设置灯光颜色和倍增器值
4：设置灯光大小和选项
5：设置灯光细分值
6：设置图像采样器类型
7：勾选"图像过滤器"复选框并设置其方式

K 客厅灯光

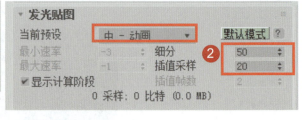

1：勾选"启用GI"复选框并设置首次引擎和二次引擎
2：设置发光贴图的当前预设和基本参数
3：设置灯光缓存的计算参数
4：设置灯光后的渲染效果
5：最终渲染效果

分析点评：

本例使用球形面光源制作台灯效果。台灯是人们工作、生活中不可缺少的照明工具。在模拟台灯效果时，可供使用的方法有很多种：可以使用泛光灯进行制作，也可以使用目标灯光结合光域网模拟其效果，并且使用球形面光源也是一个不错的选择，而且球形面光源的参数设置比较简单，便于操作。

020 通透照明

应用领域：室内灯光

技术要点：
使用VRay阳光和VRay灯光制作室外照明、室内台灯与灯槽的通透照明效果

思路分析：
设置Sun灯+设置面光源效果+设置渲染效果

难度系数： ★★★★★

灯光文件\K\019

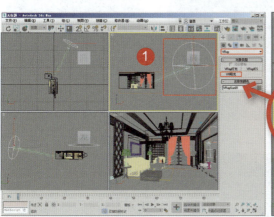
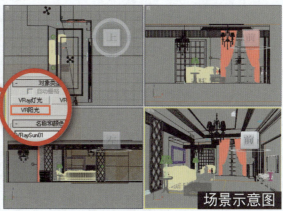

场景示意图

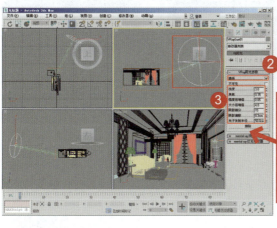
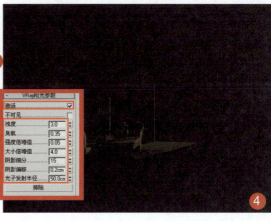

1：在场景中创建一盏VRay阳光
2：勾选"激活"复选框
3：设置VRay阳光参数
4：设置完成后的渲染效果

K 客厅灯光

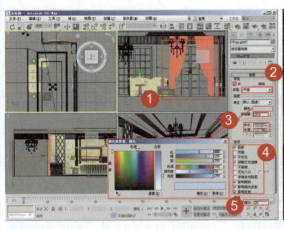

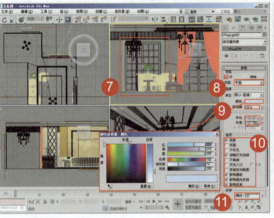

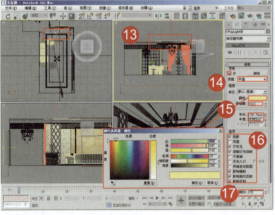

1：在窗户位置创建一盏VRay灯光
2：勾选"常规"选项组中的"开"复选框并设置灯光类型
3：设置灯光颜色和倍增器值
4：设置灯光的大小和选项
5：设置灯光细分值
6：设置完成后的渲染效果

7：在旁边的窗户位置创建一盏VRay灯光
8：勾选"常规"选项组中的"开"复选框并设置灯光类型
9：设置灯光颜色和倍增器值
10：设置灯光的大小和选项
11：设置灯光细分值
12：设置完成后的渲染效果

13：在场景灯槽位置创建一盏VRay灯光
14：勾选"常规"选项组中的"开"复选框并设置灯光类型
15：设置灯光颜色和倍增器值
16：设置灯光的大小和选项
17：设置灯光细分值
18：设置完成后的渲染效果

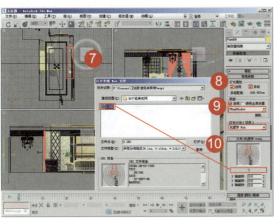
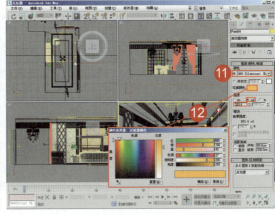

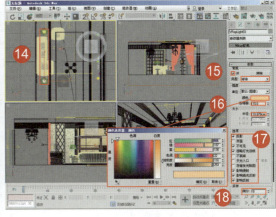

1：在灯槽的另外两边创建一盏VRay灯光
2：勾选"常规"选项组中的"开"复选框并设置灯光类型
3：设置灯光颜色和倍增器值
4：设置灯光的大小和选项
5：设置灯光细分值
6：设置完成后的渲染效果

7：在场景灯筒位置创建目标灯光
8：勾选"灯光属性"选项组中的"启用"和"目标"复选框
9：勾选"阴影"选项组中的"启用"复选框并设置阴影类型
10：为灯光指定光域网文件
11：设置灯光颜色类型
12：设置灯光过滤颜色

13：设置完成后的渲染效果
14：在两个台灯中间创建一盏VRay灯光
15：勾选"常规"选项组中的"开"复选框并设置灯光类型
16：设置灯光颜色和倍增器值
17：设置灯光的大小和选项
18：设置灯光细分值

K 客厅灯光

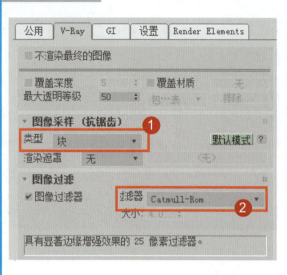

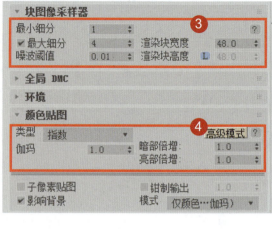

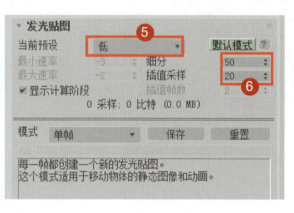

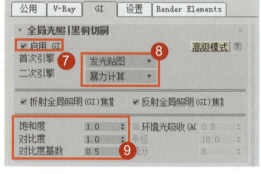

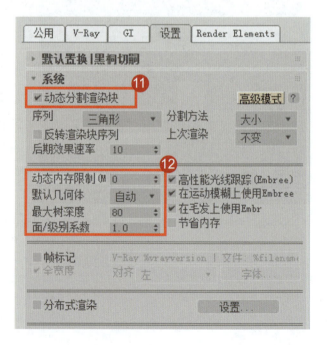

1：设置图像采样器类型
2：勾选"图像过滤器"复选框并设置其方式
3：设置块图像采样器参数
4：设置颜色贴图的类型和参数
5：设置发光贴图的当前预设
6：设置基本参数
7：勾选"启用GI"复选框
8：设置首次引擎和二次引擎
9：设置后处理参数
10：设置细分参数和反弹参数
11：勾选"动态分割渲染块"复选框
12：设置默认深度参数

分析点评：
本例使用VRay阳光和VRay灯光制作通透照明效果。VRay阳光系统可以通过灯光的照射角度来控制阳光色温和照明亮度，能够很好地表现真实阳光下的室内室外效果。

K 客厅灯光

021 客厅照明

应用领域：室内灯光

技术要点：
使用VRay阳光和VRay灯光制作客厅照明效果

思路分析：
设置球形面光源效果＋设置渲染效果

难度系数： ★★★★★

灯光文件\K\021

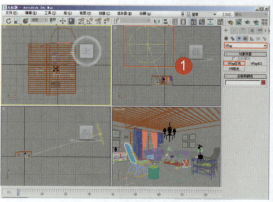

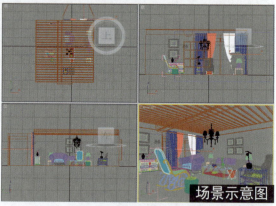

场景示意图

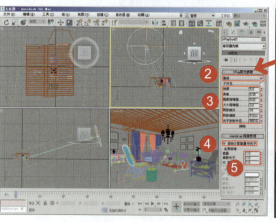

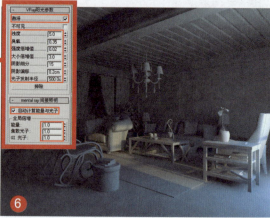

1：在场景中创建一盏VRay阳光
2：勾选"激活"复选框
3：设置VRay阳光参数
4：勾选"自动计算能量与光子"复选框
5：设置全局倍增参数
6：设置完成后的渲染效果

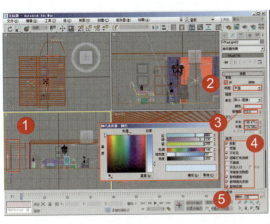 

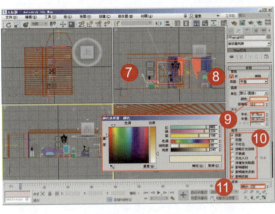 

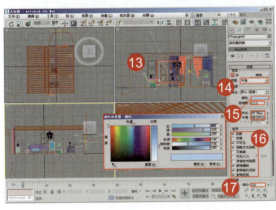 

1：在场景中创建一盏VRay灯光作为补光
2：勾选"常规"选项组中的"开"复选框并设置灯光类型
3：设置灯光颜色和倍增器值
4：设置灯光大小和选项
5：设置灯光细分值
6：设置完成后的渲染效果
7：在阳光照进的窗户里面创建一盏VRay灯光
8：勾选"常规"选项组中的"开"复选框并设置灯光类型
9：设置灯光颜色和倍增器值
10：设置灯光大小和选项
11：设置灯光细分值
12：设置完成后的渲染效果
13：在窗户外面创建一盏VRay灯光
14：勾选"常规"选项组中的"开"复选框并设置灯光类型
15：设置灯光颜色和倍增器值
16：设置灯光大小和选项
17：设置灯光细分值
18：设置完成后的渲染效果

K 客厅灯光

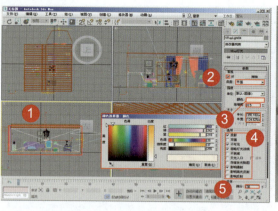

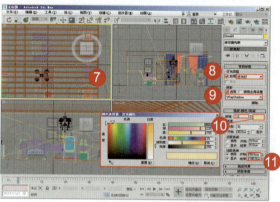
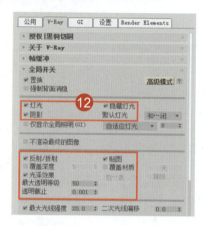

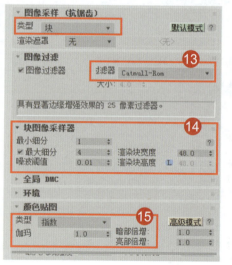

1：在场景中创建一盏VRay灯光给场景补光
2：勾选"常规"选项组中的"开"复选框并设置灯光类型
3：设置灯光颜色和倍增器值
4：设置灯光大小和选项
5：设置灯光细分值
6：设置完成后的渲染效果
7：给两个台灯分别创建一盏泛光灯
8：勾选"灯光类型"选项组中的"启用"复选框并设置灯光类型
9：勾选"阴影"选项组中的"启用"复选框并设置阴影类型
10：设置灯光颜色和倍增值
11：设置灯光远距衰减范围
12：设置全局开关参数
13：设置图像采样器类型和图像过滤器方式
14：设置块图像采样器参数
15：设置颜色贴图的类型和参数
16：勾选"启用GI"复选框
17：设置首次引擎和二次引擎
18：设置后处理参数

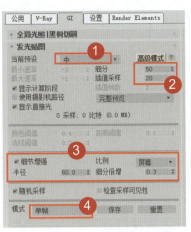
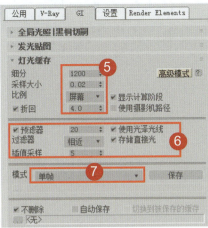

1：设置发光贴图的当前预设
2：设置基本参数
3：设置高级选项参数
4：设置模式类型
5：设置灯光缓存的计算参数
6：设置重建参数
7：设置模式类型
8：设置默认置换参数
9：设置系统计算参数
10：设置平铺贴图选项
11：灯光渲染效果
12：最终渲染效果

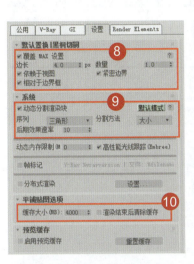

分析点评：
本例使用VRay阳光和VRay灯光制作了客厅照明效果，通过对灯光的设置表现出客厅明亮温馨的效果。扩展案例是一个夜景照明的场景，主要使用了发光贴图和室内混合灯光。

室外灯光——022~030

本章介绍室外灯光的制作方法，主要通过VRay阳光和3ds Max自带的几个灯光来模拟阳光照明效果，通过设置不同的灯光颜色和强度制作出不同的灯光效果。本章介绍的案例大多应用于室外效果图中。希望下面的讲解能给大家带来一定的收获，并帮助大家制作出更精美的作品。

022 室外人工天光

应用领域：室外灯光

技术要点：
使用VRay阳光制作室外人工天光效果

思路分析：
设置VRay阳光效果+设置渲染效果

难度系数：★★★☆☆

灯光文件\S\022

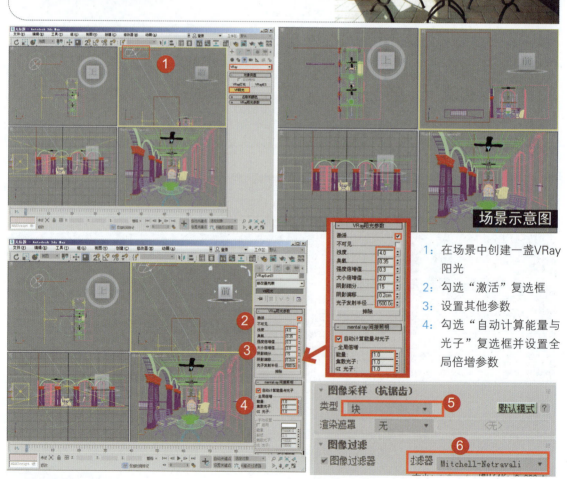

场景示意图

1：在场景中创建一盏VRay阳光
2：勾选"激活"复选框
3：设置其他参数
4：勾选"自动计算能量与光子"复选框并设置全局倍增参数

5：设置图像采样器类型
6：勾选"图像过滤器"复选框并设置其方式

 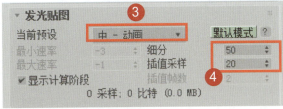

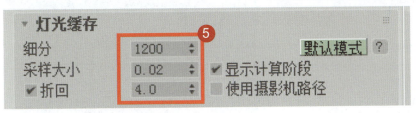

 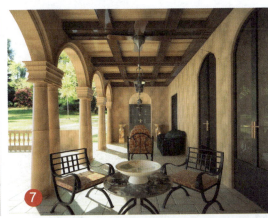

1：勾选"启用GI"复选框
2：设置首次引擎和二次引擎
3：设置发光贴图的当前预设
4：设置基本参数
5：设置灯光缓存的计算参数
6：设置灯光后的渲染效果
7：最终渲染效果

分析点评：
本例使用VRay阳光制作室外人工天光效果。通过对灯光基本参数的设置，以及对渲染器参数的调整，制作出逼真的阳光照明效果。

023 楼宇照明

应用领域：室外灯光

技术要点：
使用3ds Max自带灯光制作楼宇照明效果

思路分析：
设置灯光阵列效果+设置楼层灯光

难度系数： ★★★★☆

灯光文件\S\023

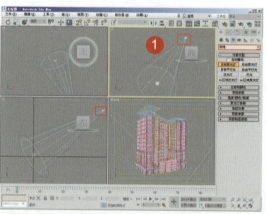
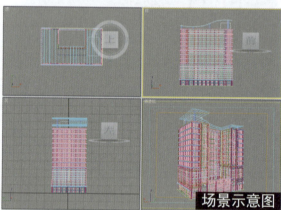

场景示意图

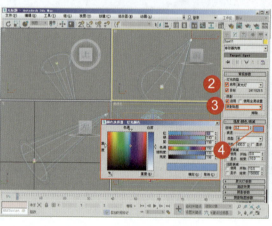
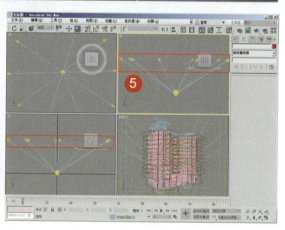

1：在场景中创建一盏目标聚光灯
2：勾选"灯光类型"选项组中的"启用"和"目标"复选框
3：勾选"阴影"选项组中的"启用"复选框并设置阴影类型
4：设置灯光颜色和倍增值
5：选择设置好的灯光

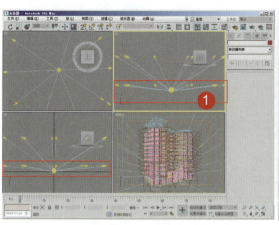

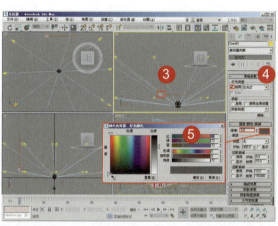
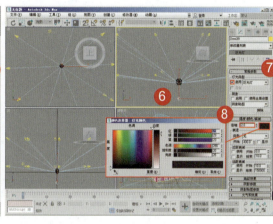

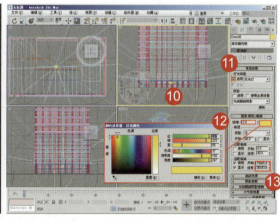

1：对设置好的灯光进行关联复制，在场景中再排列一组灯光
2：设置完成后的渲染效果
3：在场景中创建一盏泛光灯作为主光源
4：勾选"灯光类型"选项组中的"启用"复选框
5：设置灯光颜色和倍增值
6：在场景中创建一盏泛光灯作为补光灯
7：勾选"灯光类型"选项组中的"启用"复选框
8：设置灯光颜色和倍增值
9：设置完成后的渲染效果
10：在大楼底层两边创建两盏泛光灯
11：勾选"灯光类型"选项组中的"启用"复选框
12：设置灯光颜色和倍增值
13：设置灯光远距衰减范围

S 室外灯光

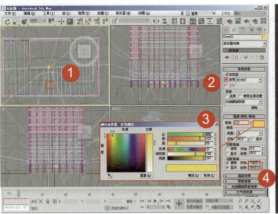

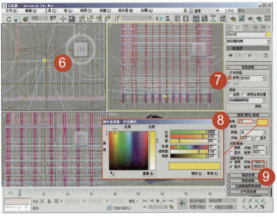

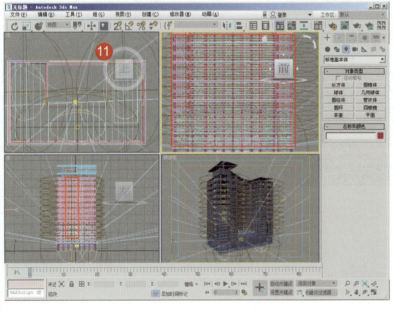

1：在中间楼层递补创建一盏泛光灯
2：勾选"灯光类型"选项组中的"启用"复选框
3：设置灯光颜色和倍增值
4：设置灯光远距衰减范围
5：设置完成后的渲染效果
6：在第二层创建3盏泛光灯
7：勾选"灯光类型"选项组中的"启用"复选框
8：设置灯光颜色和倍增值
9：设置灯光远距衰减范围
10：设置完成后的效果
11：把第二层设置好的灯光复制到上面每一层

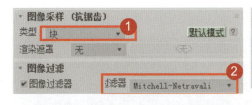 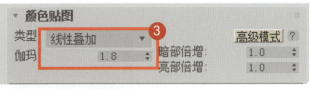

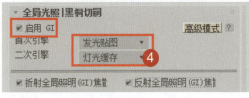 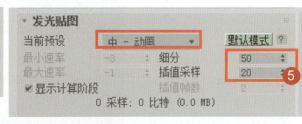

1：设置图像采样器类型
2：勾选"图像过滤器"复选框并设置其方式
3：设置颜色贴图的类型和参数
4：勾选"启用GI"复选框并设置首次引擎和二次引擎
5：设置发光贴图的当前预设和基本参数
6：设置灯光后的渲染效果
7：在Photoshop中制作后期处理后的效果

分析点评：
本例使用3ds Max自带灯光制作楼宇照明效果，通过对场景全局灯光的设置及对楼层内部灯光的设置，并在Photoshop中处理后期效果，制作出逼真的楼宇照明效果。

024 鸟瞰照明

应用领域：室外灯光

技术要点：
使用3ds Max自带灯光制作鸟瞰照明效果

思路分析：
设置灯光阵列效果+设置楼层灯光和其他照明灯光

难度系数： ★★★☆

 灯光文件\S\024

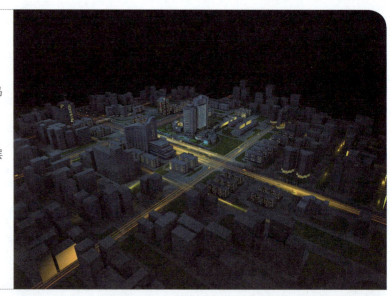

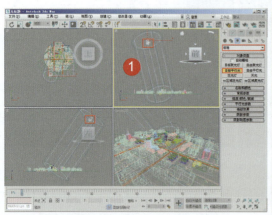
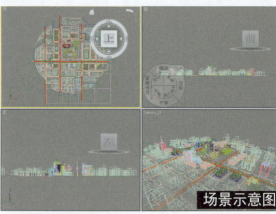

场景示意图

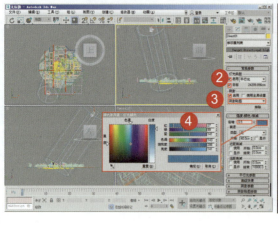

1：在场景中创建一盏目标平行灯
2：勾选"灯光类型"选项组中的"启用"和"目标"复选框
3：勾选"阴影"选项组中的"启用"复选框并设置阴影类型
4：设置灯光颜色和倍增值
5：设置后的渲染效果

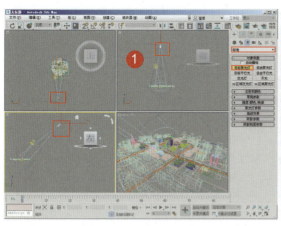 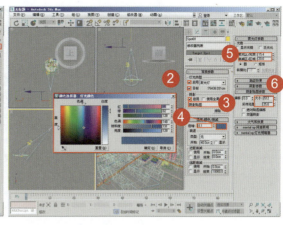

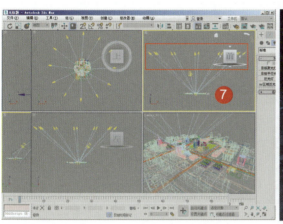 

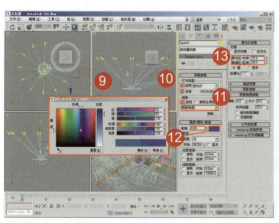 

1：在场景中创建一盏目标聚光灯作为补光灯
2：勾选"灯光类型"选项组中的"启用"和"目标"复选框
3：勾选"阴影"选项组中的"启用"复选框并设置阴影类型
4：设置灯光颜色和倍增值
5：设置聚灯光参数
6：设置灯光阴影贴图参数
7：对设置好的灯光进行关联复制

8：设置完成后的渲染效果
9：对设置好的灯光进行关联复制
10：勾选"灯光类型"选项组中的"启用"和"目标"复选框
11：勾选"阴影"选项组中的"启用"复选框并设置阴影类型
12：设置灯光颜色和倍增值
13：设置聚光灯参数
14：设置完成后的渲染效果

S 室外灯光

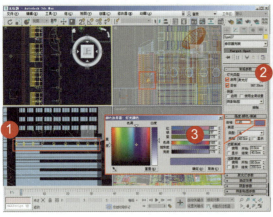

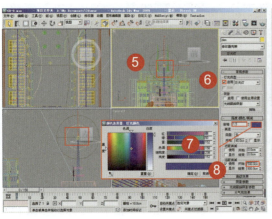
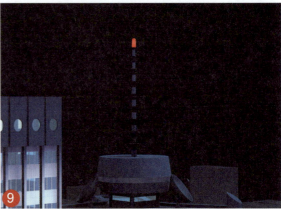
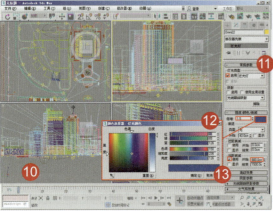

1：在场景中的标志建筑顶部创建9盏聚光灯
2：勾选"灯光类型"选项组中的"启用"和"目标"复选框
3：设置灯光颜色和倍增值
4：设置后的渲染效果
5：在灯光位置创建一盏泛光灯
6：勾选"灯光类型"选项组中的"启用"复选框
7：设置灯光颜色和倍增值
8：设置灯光远距衰减范围
9：设置后的渲染效果
10：在楼底层创建几盏泛光灯
11：勾选"灯光类型"选项组中的"启用"复选框
12：设置灯光颜色和倍增值
13：设置灯光远距衰减范围
14：设置完成后的渲染效果

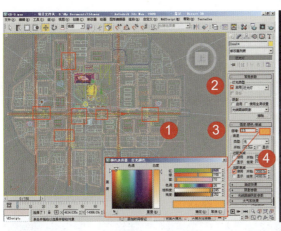

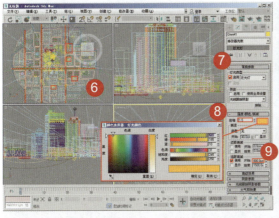
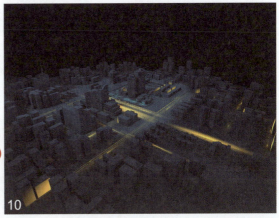

1：在场景道路中创建几盏泛光灯
2：勾选"灯光类型"选项组中的"启用"复选框
3：设置灯光颜色和倍增值
4：设置灯光远距衰减范围
5：设置后的渲染效果
6：在楼宇中创建泛光灯
7：勾选"灯光类型"选项组中的"启用"复选框
8：设置灯光颜色和倍增值
9：设置灯光远距衰减范围
10：设置后的渲染效果
11：最终渲染效果

分析点评：
本例使用3ds Max自带灯光制作了鸟瞰照明的夜景效果，通过对场景全局灯光的设置及对楼层内部灯光和道路中汽车运动灯光的设置，制作出逼真的夜景建筑效果图。

S 室外灯光

025 别墅照明

应用领域：室外灯光

技术要点：
使用VRay灯光制作别墅照明效果

思路分析：
设置灯光效果+设置渲染参数

难度系数：★★★☆☆

灯光文件\S\025

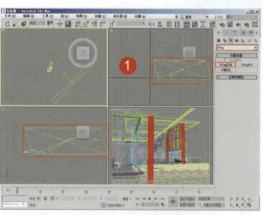

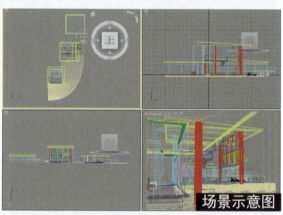

场景示意图

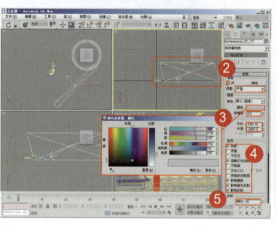

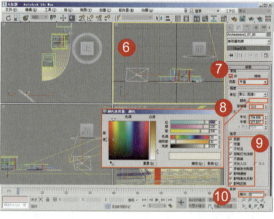

1：在场景中创建一盏VRay灯光
2：勾选"常规"选项组中的"开"复选框并设置灯光类型
3：设置灯光颜色和倍增器值
4：设置灯光大小和选项
5：设置灯光细分值

6：在场景中创建一盏VRay灯光
7：勾选"常规"选项组中的"开"选项并设置灯光类型
8：设置灯光颜色和倍增器值
9：设置灯光大小和选项
10：设置灯光细分值

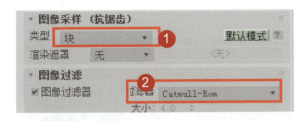
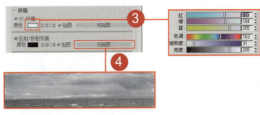
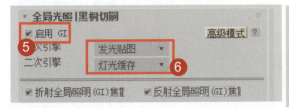
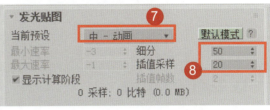

1：设置图像采样器类型
2：勾选"图像过滤器"复选框并设置其方式和大小
3：勾选"GI环境"复选框并设置其颜色
4：勾选"反射/折射环境"复选框并在其通道添加贴图
5：勾选"启用GI"复选框
6：设置首次引擎和二次引擎
7：设置发光贴图的当前预设
8：设置基本参数
9：设置完成后的渲染效果
10：最终渲染效果

分析点评：
本例使用VRay灯光制作别墅照明效果，通过对灯光基本参数的设置及对渲染器参数的调整，制作出逼真的别墅照明效果。

S 室外灯光

026 夜景别墅照明

应用领域：室外灯光

技术要点：
使用3ds Max自带灯光和VRay灯光制作夜景别墅照明效果

思路分析：
设置各自灯光效果+设置渲染效果

难度系数： ★★★★☆

灯光文件\S\026

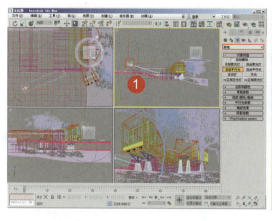

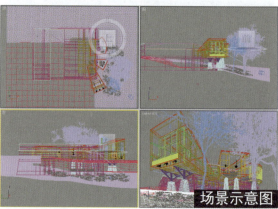

场景示意图

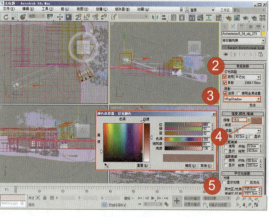

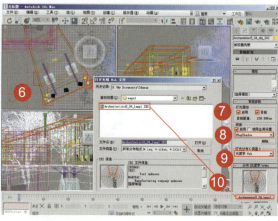

1：在场景中创建一盏目标平行光
2：勾选"灯光类型"选项组中的"启用"和"目标"复选框
3：勾选"阴影"选项组中的"启用"复选框并设置阴影类型
4：设置灯光颜色和倍增值
5：设置光锥参数

6：在房间壁灯位置创建目标灯光
7：勾选"灯光属性"选项组中的"启用"和"目标"复选框
8：勾选"阴影"选项组中的"启用"复选框并设置阴影类型
9：设置灯光分布类型
10：为灯光指定光域网文件

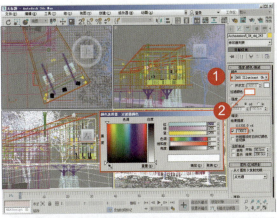
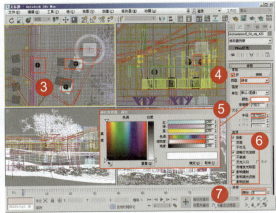
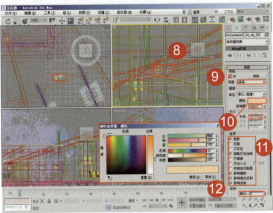
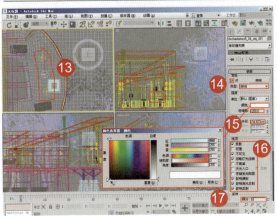
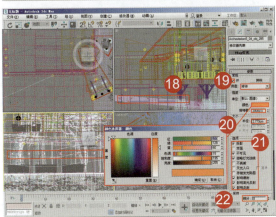

1：设置灯光颜色类型
2：设置灯光过滤颜色和暗淡参数
3：在侧面房间的吊灯位置创建3盏VRay灯光
4：勾选"常规"选项组中的"开"复选框并设置灯光类型
5：设置灯光颜色
6：设置灯光大小和选项
7：设置灯光细分值
8：在客厅中间创建几盏VRay灯光
9：勾选"常规"选项组中的"开"复选框并设置灯光类型
10：设置灯光颜色和倍增器值
11：设置灯光大小和选项
12：设置灯光细分值
13：在外面壁灯位置创建几盏VRay灯光
14：勾选"常规"选项组中的"开"复选框并设置灯光类型
15：设置灯光颜色和倍增器值
16：设置灯光大小和选项
17：设置灯光细分值
18：在别墅后部一层创建几盏VRay灯光
19：勾选"常规"选项组中的"开"复选框并设置灯光类型
20：设置灯光颜色和倍增器值
21：设置灯光大小和选项
22：设置灯光细分值

S 室外灯光

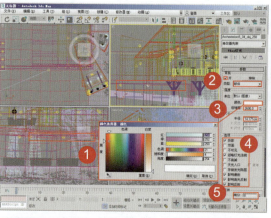
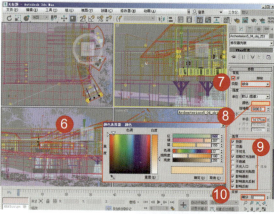
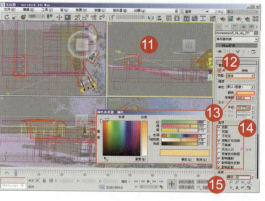
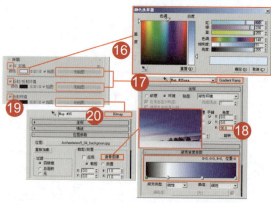

1：在别墅后部一层创建几盏VRay灯光
2：勾选"常规"选项组中的"开"复选框并设置灯光类型
3：设置灯光颜色和倍增器值
4：设置灯光大小和选项
5：设置灯光细分值
6：在别墅后部二层创建几盏VRay灯光
7：勾选"常规"选项组中的"开"复选框并设置灯光类型
8：设置灯光颜色和倍增器值
9：设置灯光大小和选项
10：设置灯光细分值
11：在别墅最后部创建几盏VRay灯光
12：勾选"常规"选项组中的"开"复选框并设置灯光类型
13：设置灯光颜色和倍增器值
14：设置灯光大小和选项
15：设置灯光细分值
16：勾选"GI环境"复选框并设置其颜色
17：勾选"反射/折射环境"复选框，在GI环境通道和反射/折射环境通道添加渐变坡度贴图
18：设置渐变坡度参数
19：勾选"折射环境"复选框
20：在折射环境通道添加贴图

分析点评：
本例制作夜景别墅照明的难点在于如何控制大部分灯光的衰减范围，以及整体微弱照明的天光控制。夜晚天光为深蓝色，配合橘黄色的人工照明，可以营造出优美的夜景建筑照明效果。

027 VRay阳光照明

应用领域：室外灯光

技术要点：
使用VRay阳光制作照明效果

思路分析：
设置灯光效果+设置渲染效果

难度系数： ★★★☆☆

灯光文件\S\027

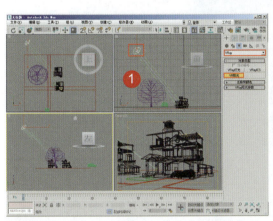

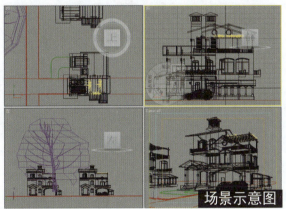

场景示意图

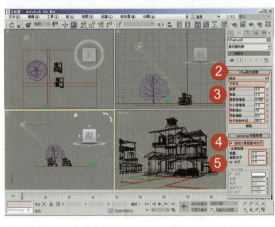

1：在场景中创建一盏VRay阳光
2：勾选"激活"复选框
3：设置灯光其他参数
4：勾选"自动计算能量与光子"复选框
5：设置全局倍增参数
6：设置后的渲染效果

S 室外灯光

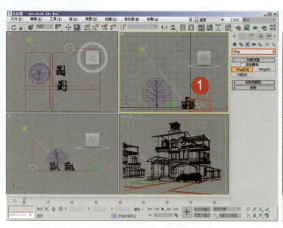
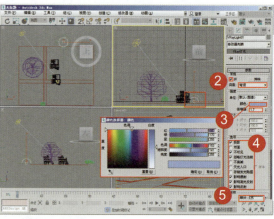

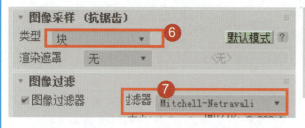

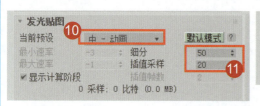

1: 在场景中创建一盏VRay灯光作为补光灯
2: 勾选"常规"选项组中的"开"复选框并设置灯光类型
3: 设置灯光颜色和倍增器值
4: 设置灯光的选项
5: 设置灯光细分值
6: 设置图像采样器类型
7: 勾选"图像过滤器"复选框并设置其方式
8: 勾选"启用GI"复选框
9: 设置首次引擎和二次引擎
10: 设置发光贴图的当前预设
11: 设置基本参数
12: 设置灯光缓存的计算参数

灯光文件\S\029

分析点评：

本例使用VRay阳光与间接照明渲染相结合，通过对灯光照射角度和大气浑浊度参数的控制，营造出正午晴朗天光的效果。

028 休息室照明

应用领域：室外灯光

技术要点：
使用VRay阳光制作休息室照明效果

思路分析：
设置灯光效果+设置渲染效果

难度系数： ★★★☆☆

灯光文件\S\028

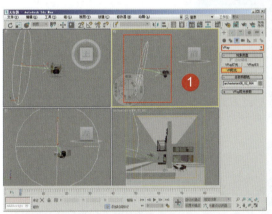
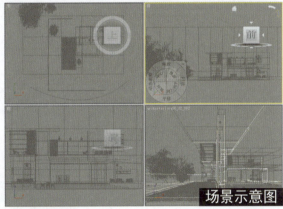

场景示意图

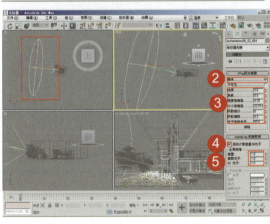
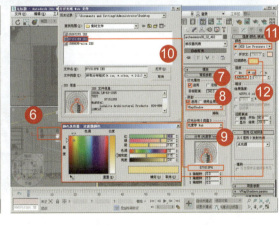

1：在场景中创建一盏VRay阳光
2：勾选"激活"复选框
3：设置灯光其他参数
4：勾选"自动计算能量与光子"复选框
5：设置全局倍增参数
6：在场景中创建4盏目标灯光
7：勾选"灯光属性"选项组中的"启用"复选框
8：勾选"阴影"选项组中的"启用"复选框并设置阴影类型
9：设置灯光分布类型
10：为灯光指定光域网文件
11：设置颜色类型
12：设置过滤颜色和强度

S 室外灯光

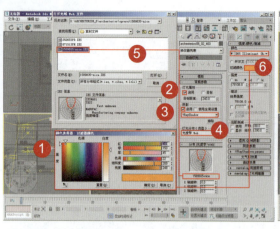
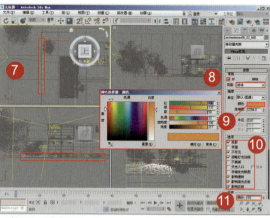
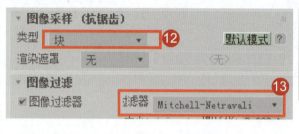
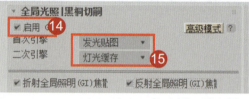

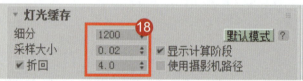

1：在场景中再创建3盏目标灯光
2：勾选"灯光属性"选项组中的"启用"复选框
3：勾选"阴影"选项组中的"启用"复选框并设置阴影参数
4：设置灯光分布类型
5：为灯光指定光域网文件
6：设置灯光颜色类型和过滤颜色
7：在路边创建一排VRay灯光
8：勾选"常规"选项组中的"开"复选框并设置灯光类型
9：设置灯光颜色
10：设置灯光选项
11：设置灯光细分值
12：设置图像采样器类型
13：勾选"图像过滤器"复选框并设置其方式
14：勾选"启用GI"复选框
15：设置首次引擎和二次引擎
16：设置发光贴图的当前预设
17：设置基本参数
18：设置灯光缓存的计算参数

分析点评

本例使用VRay灯光和VRay阳光系统，配合背景的深蓝色环境贴图，营造出一幅建筑物夜景。本例难点在于如何控制背景与前景灯光的亮度。

029 模拟天光照明

应用领域：室外灯光

技术要点：
使用VRay灯光模拟天光照明效果

思路分析：
设置灯光效果+设置渲染效果

难度系数： ★★★☆☆

灯光文件\S\029

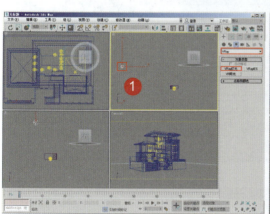

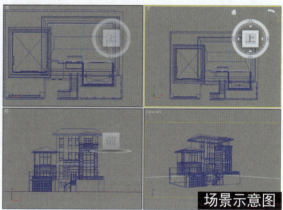

场景示意图

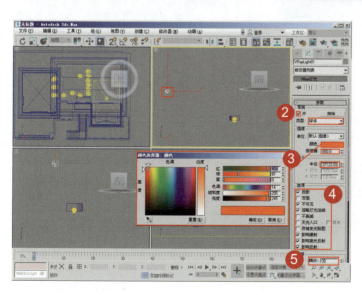

1：在场景中创建一盏VRay灯光
2：勾选"常规"选项组中的"开"复选框并设置灯光类型
3：设置灯光颜色和倍增器值
4：设置灯光大小和选项
5：设置灯光细分值

S 室外灯光

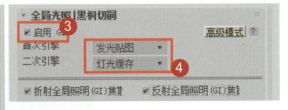

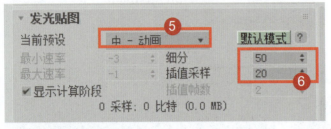

1：设置图像采样器类型
2：设置图像过滤器类型
3：勾选"启用GI"复选框
4：设置首次引擎和二次引擎
5：设置发光贴图的当前预设
6：设置基本参数
7：设置灯光后的渲染效果
8：最终渲染效果

分析点评：
本例使用VRay灯光模拟天光照明效果，通过对灯光高度和大气层参数的控制，营造出雪天夜景的效果。

030 晴朗照明

应用领域：室外灯光

技术要点：
使用目标平行光和 VRay灯光制作晴朗照明效果

思路分析：
设置灯光效果+设置渲染效果

难度系数： ★★★☆☆

灯光文件\S\030

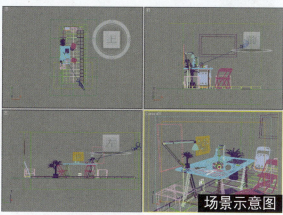

场景示意图

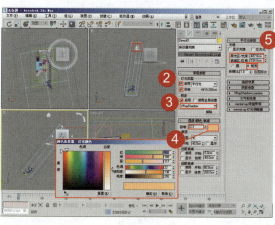
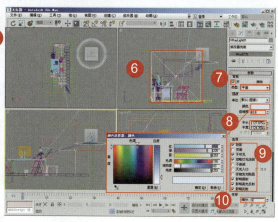

1：在场景中创建一盏目标平行光
2：勾选"灯光类型"选项组中的"启用"和"目标"复选框
3：勾选"阴影"选项组中的"启用"复选框并设置阴影类型
4：设置灯光颜色和倍增值
5：设置光锥参数
6：在场景中创建一盏VRay灯光
7：勾选"常规"选项组中的"开"复选框并设置灯光类型
8：设置灯光颜色和倍增器值
9：设置灯光大小和选项
10：设置灯光细分值

S 室外灯光

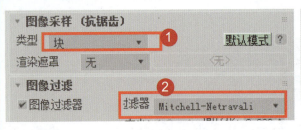
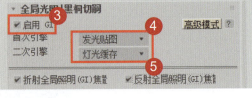

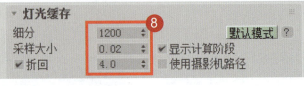

1：设置图像采样器类型
2：勾选"图像过滤器"复选框并设置其方式
3：勾选"启用GI"复选框
4：设置首次引擎
5：设置二次引擎
6：设置发光贴图的当前预设
7：设置基本参数
8：设置灯光缓存的计算参数
9：设置灯光后的渲染效果
10：最终渲染效果

分析点评：

本例使用3ds Max自带的目标平行光和VRay灯光来制作晴朗照明效果。其中，目标平行光用于模拟正午阳光，VRay灯光用于模拟墙面反射的自然光。

卧室灯光——031~043

本章介绍卧室的灯光制作方法。首先介绍了卧室的基本灯光制作,然后系统地介绍了几个卧室的整体灯光布局。希望下面的讲解能给大家带来一定的收获,并帮助大家制作出更精美的作品。

031 柔光灯

应用领域:室内灯光

技术要点:
使用泛光灯制作柔光灯效果

思路分析:
设置泛光灯效果+设置渲染效果

难度系数: ★★★☆☆

灯光文件\W\031

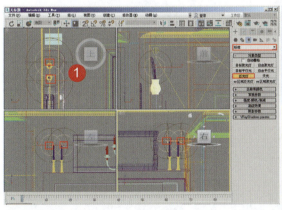

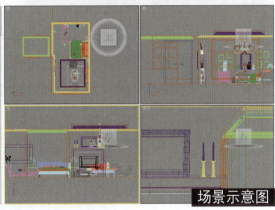

场景示意图

1:在蜡烛顶部位置创建两盏泛光灯
2:勾选"灯光类型"选项组中的"启用"复选框并设置灯光类型
3:勾选"阴影"选项组中的"启用"复选框并设置阴影类型
4:设置灯光颜色和倍增值
5:设置灯光远距衰减范围
6:设置图像采样器类型
7:勾选"图像过滤器"复选框并设置其方式

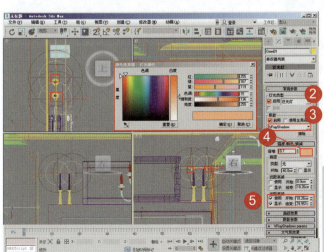

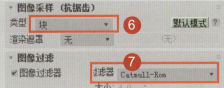

W 卧室灯光

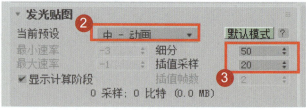

1：勾选"启用GI"复选框并设置首次引擎和二次引擎
2：设置发光贴图的当前预设
3：设置基本参数
4：设置灯光缓存的计算参数
5：设置灯光后的渲染效果
6：最终渲染效果

分析点评：
本例使用泛光灯制作柔光灯效果。柔光灯是家居装饰中常用的灯具类型之一，在制作效果图时，最能表现卧室中柔和灯光的效果。

032 自发光灯罩

应用领域：室内灯光

技术要点：
使用VRay灯光材质制作自发光灯罩效果

思路分析：
设置自发光效果+设置渲染效果

难度系数： ★★★☆☆

灯光文件\W\032

场景示意图

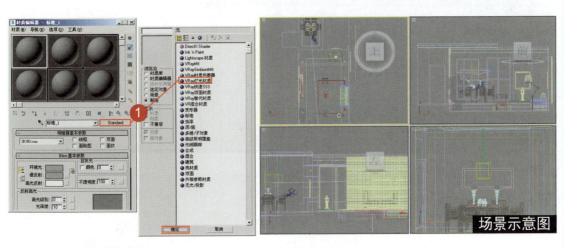

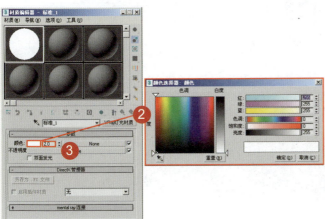

1：设置材质类型为VRay灯光材质
2：设置自发光颜色为白色
3：设置贴图强度
4：设置图像采样器类型
5：勾选"图像过滤器"复选框并设置其方式

W 卧室灯光

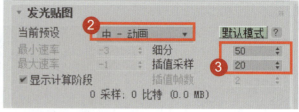
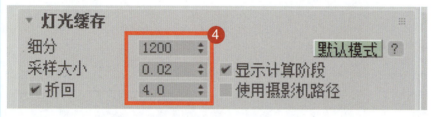

1：勾选"启用GI"复选框并设置首次引擎和二次引擎
2：设置发光贴图的当前预设
3：设置基本参数
4：设置灯光缓存的计算参数
5：设置灯光后的渲染效果
6：最终渲染效果

分析点评：

本例使用VRay灯光材质制作自发光灯罩效果。这种材质经常被使用在室内灯光效果中，以表现灯罩的自发光效果。

033 花灯

应用领域：室内灯光

技术要点：
使用VRay灯光制作花灯效果

思路分析：
设置灯光位置和大小+设置灯光参数

难度系数： ★★★☆☆

灯光文件\W\033

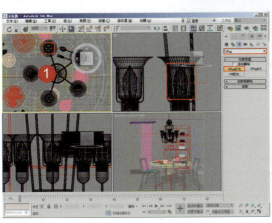

场景示意图

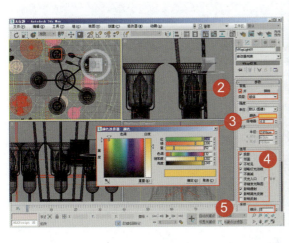

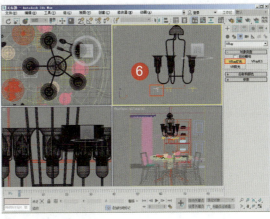

1：在场景中的灯泡位置创建5盏VRay灯光
2：勾选"常规"选项组中的"开"复选框并设置灯光类型
3：设置灯光颜色和倍增器值
4：设置灯光大小和选项
5：设置灯光细分值
6：在场景中创建5盏VRay灯光

W 卧室灯光

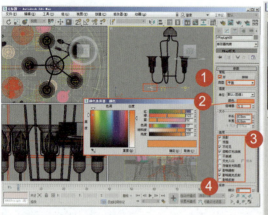

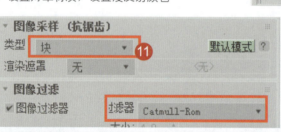

1：勾选"常规"选项组中的"开"复选框并设置灯光类型
2：设置灯光颜色和倍增器值
3：设置灯光大小和选项
4：设置灯光细分值
5：设置灯罩材质，设置漫反射颜色

6：设置反射颜色
7：设置反射参数
8：设置折射颜色
9：设置折射参数
10：设置烟雾颜色
11：设置图像采样器类型
12：勾选"启用GI"复选框
13：设置首次引擎和二次引擎
14：设置发光贴图的当前预设
15：设置基本参数
16：设置灯光缓存的计算参数

分析点评：

本例使用VRay灯光制作花灯效果。花灯是家居装饰中常用的灯具类型之一，在制作效果图时，VRay灯光最能表现花灯效果。

034 床头灯

应用领域：室内灯光

技术要点：
使用VRay灯光材质制作床头灯效果

思路分析：
设置VRay灯光材质+设置渲染效果

难度系数： ★★★☆☆

灯光文件\W\034

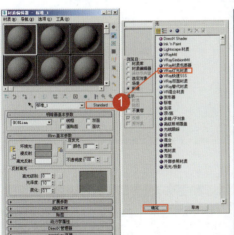

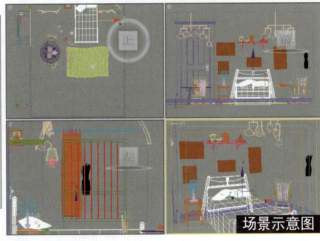

场景示意图

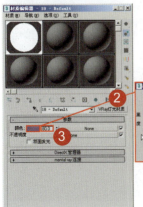

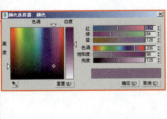

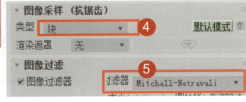

1：设置材质类型为VRay灯光材质
2：设置自发光颜色为紫色
3：设置贴图强度
4：设置图像采样器类型
5：勾选"图像过滤器"复选框并设置其方式

W 卧室灯光

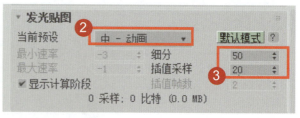
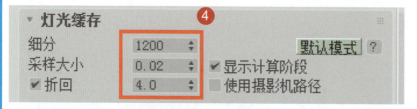

1：勾选"启用GI"复选框并设置首次引擎和二次引擎
2：设置发光贴图的当前预设
3：设置基本参数
4：设置灯光缓存的计算参数
5：设置灯光后的渲染效果
6：最终渲染效果

分析点评：
本例使用VRay灯光材质制作床头灯效果。床头灯还可以使用其他灯光制作，使用不同的灯光可以制作出不同的效果。

035 床头背景光

应用领域：室内灯光

技术要点：
使用VRay灯光制作床头背景光效果

思路分析：
设置VRay灯光+设置渲染效果

难度系数： ★★★☆☆

灯光文件\W\035

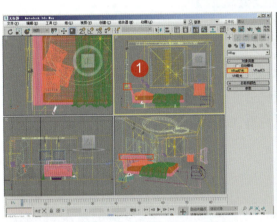

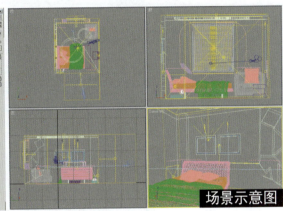

场景示意图

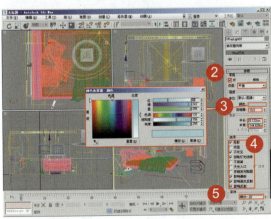

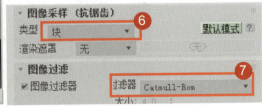

1：在场景的床头背景灯槽中创建一盏VRay灯光
2：勾选"常规"选项组中的"开"复选框并设置灯光类型
3：设置灯光颜色和倍增器值
4：设置灯光大小和选项
5：设置灯光细分值
6：设置图像采样器类型
7：勾选"图像过滤器"复选框并设置其方式

W 卧室灯光

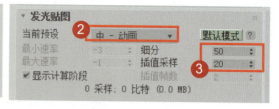

1：勾选"启用GI"复选框并设置首次引擎和二次引擎
2：设置发光贴图的当前预设
3：设置基本参数
4：设置灯光缓存的计算参数
5：设置灯光后的渲染效果
6：最终渲染效果

分析点评：
本例使用VRay灯光制作床头背景光效果。床头背景光经常在卧室效果图中使用。通过调整灯光的大小、颜色和位置，可以制作出漂亮的床头背景光效果。

036 灯管照明

应用领域：室内灯光

技术要点：
使用VRay灯光制作灯管照明效果

思路分析：
设置灯光参数+设置渲染效果

难度系数： ★★★☆☆

灯光文件\W\036

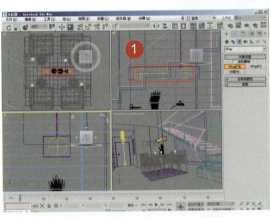

场景示意图

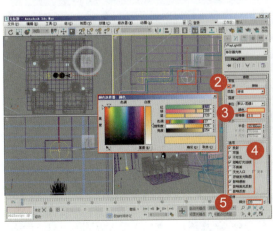

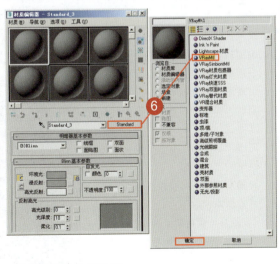

1：在场景的床头背景灯槽中创建一盏VRay灯光
2：勾选"常规"选项组中的"开"复选框并设置灯光类型
3：设置灯光颜色和倍增器值
4：设置灯光大小和选项
5：设置灯光细分值
6：设置灯罩材质，设置材质类型为VRayMtl

W 卧室灯光

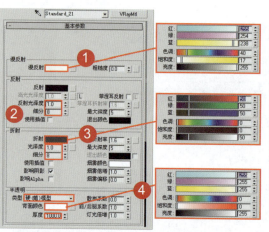 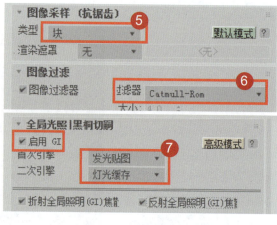

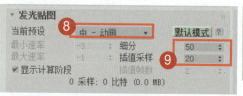 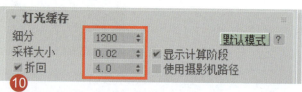

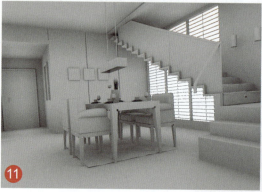 

1：设置漫反射颜色
2：设置反射参数
3：设置折射颜色和折射参数
4：设置半透明类型、背面颜色和参数
5：设置图像采样器类型
6：勾选"图像过滤器"复选框并设置其方式
7：勾选"启用GI"复选框并设置首次引擎和二次引擎
8：设置发光贴图的当前预设
9：设置基本参数
10：设置灯光缓存的计算参数
11：设置灯光后的渲染效果
12：最终渲染效果

分析点评：
本例使用VRay灯光制作灯管照明效果。利用VRay灯光模拟灯管发光效果，然后通过调整灯光的各个参数制作出逼真的效果。

037 卧室整体照明

应用领域：室内灯光

技术要点：
使用VRay灯光和3ds Max自带灯光制作卧室整体照明效果

思路分析：
设置灯光效果+设置渲染效果

难度系数： ★★★★☆

灯光文件\W\037

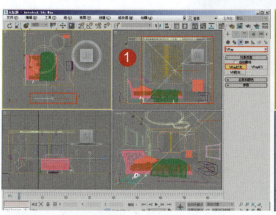
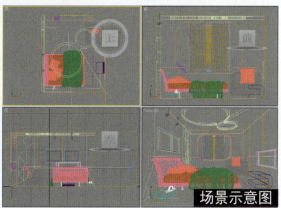

场景示意图

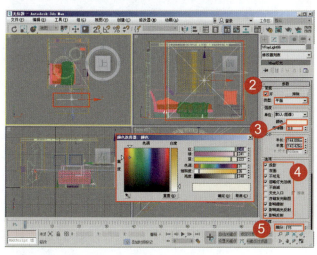
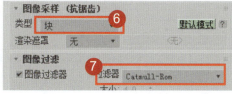

1：在场景的卧室入口处创建一盏VRay灯光
2：勾选"常规"选项组中的"开"复选框并设置灯光类型
3：设置灯光颜色和倍增器值
4：设置灯光大小和选项
5：设置灯光细分值
6：设置图像采样器类型
7：勾选"图像过滤器"复选框并设置其方式

W 卧室灯光

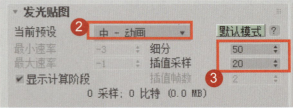

1：勾选"启用GI"复选框并设置首次引擎和二次引擎
2：设置发光贴图的当前预设
3：设置基本参数
4：设置灯光缓存的计算参数
5：设置后的渲染效果
6：在窗户里面创建一盏VRay灯光
7：勾选"常规"选项组中的"开"复选框并设置灯光类型
8：设置灯光颜色和倍增器值
9：设置灯光大小和选项

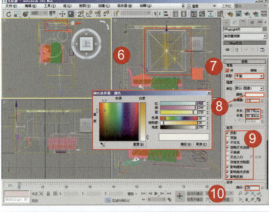

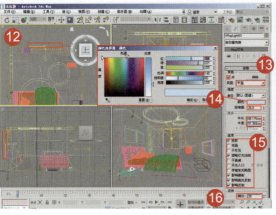

10：设置灯光细分值
11：设置灯光后的渲染效果
12：在窗户外面创建一盏VRay灯光
13：勾选"常规"选项组中的"开"复选框并设置灯光类型
14：设置灯光颜色和倍增器值
15：设置灯光的大小和选项
16：设置灯光细分值
17：设置后的渲染效果

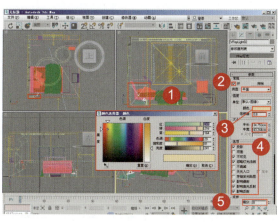 

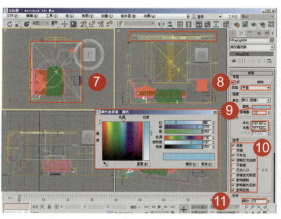 

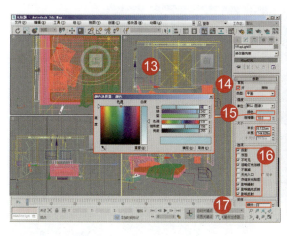 

1：在床头旁边创建一盏VRay灯光
2：勾选"常规"选项组中的"开"复选框并设置灯光类型
3：设置灯光颜色和倍增器值
4：设置灯光大小和选项
5：设置灯光细分值
6：设置后的渲染效果
7：在顶部创建一盏VRay灯光
8：勾选"常规"选项组中的"开"复选框并设置灯光类型
9：设置灯光颜色和倍增器值
10：设置灯光大小和选项
11：设置灯光的细分值
12：设置后的渲染效果
13：在床头灯槽位置创建一盏VRay灯光
14：勾选"常规"选项组中的"开"复选框并设置灯光类型
15：设置灯光颜色和倍增器值
16：设置灯光的大小和选项
17：设置灯光的细分值
18：设置后的渲染效果

W 卧室灯光

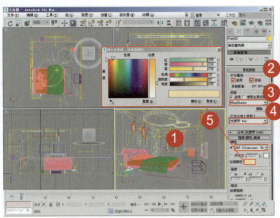
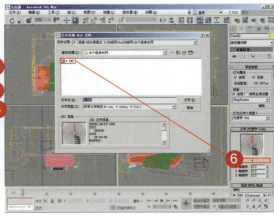

1：在射灯位置创建两盏目标灯光，然后在电视机上方创建一盏目标灯光
2：勾选"灯光属性"选项组中的"启用"和"目标"复选框
3：勾选"阴影"选项组中的"启用"复选框并设置阴影类型
4：设置灯光分布类型
5：设置颜色类型和过滤颜色
6：为灯光指定光域网文件
7：设置灯光后的渲染效果
8：最终渲染效果

分析点评：

本例使用VRay灯光和3ds Max自带灯光制作卧室整体照明效果。通过调整每个灯光的设置，可以制作出真实的灯光照明效果。不同的灯光设置可以制作出不同的灯光效果，希望读者不断地尝试以制作出自己满意的效果。

038 欧式卧室照明

应用领域：室内灯光

技术要点：
使用VRay灯光制作欧式卧室照明效果

思路分析：
设置灯光效果+设置渲染效果

难度系数： ★★★☆☆

灯光文件\W\038

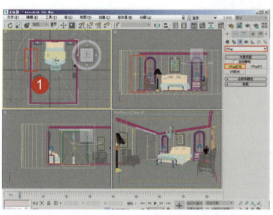

场景示意图

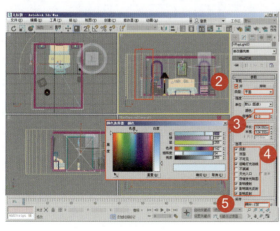

1：在场景卧室的阳台口创建一盏VRay灯光
2：勾选"常规"选项组中的"开"复选框并设置灯光类型
3：设置灯光颜色和倍增器值
4：设置灯光大小和选项
5：设置灯光细分值
6：设置后的渲染效果

W 卧室灯光

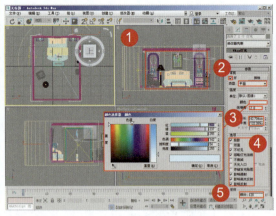

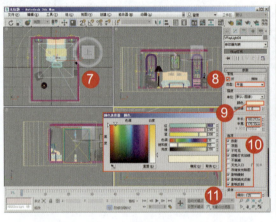

1：在床头两个窗口位置分别创建一盏VRay灯光
2：勾选"常规"选项组中的"开"复选框并设置灯光类型
3：设置灯光颜色和倍增器值
4：设置灯光大小和选项
5：设置灯光细分值
6：设置后的渲染效果
7：在卧室顶部创建一盏VRay灯光
8：勾选"常规"选项组中的"开"复选框并设置灯光类型
9：设置灯光颜色和倍增器值
10：设置灯光大小和选项
11：设置灯光的细分值
12：设置灯光后的渲染效果
13：最终渲染效果

分析点评：
本例在窗口放置了平面光源来模拟从窗外照射进来的阳光，对窗外的景色使用了一个自发光的外景贴图。

039 卧室装饰灯

应用领域：室内灯光

技术要点：
使用目标灯光制作卧室装饰灯效果

思路分析：
设置灯光效果+设置灯光参数

难度系数： ★★★☆☆

灯光文件\W\039

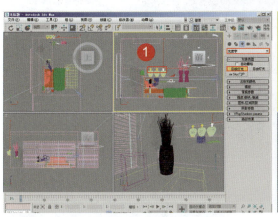

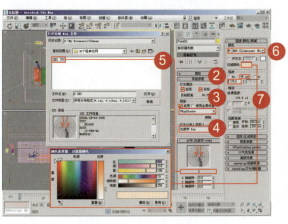

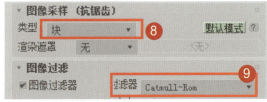

1：在场景卧室的装饰灯位置创建3盏目标灯光
2：勾选"灯光属性"选项组中的"启用"和"目标"复选框
3：勾选"阴影"选项组中的"启用"复选框并设置阴影类型
4：设置灯光分布类型
5：为灯光指定光域网文件
6：设置灯光颜色类型
7：设置灯光过滤颜色和强度
8：设置图像采样器类型
9：勾选"图像过滤器"复选框并设置其方式

W 卧室灯光

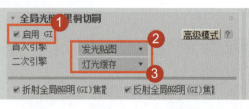

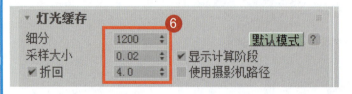

1：勾选"启用GI"复选框
2：设置首次引擎
3：设置二次引擎
4：设置发光贴图的当前预设
5：设置基本参数
6：设置灯光缓存的计算参数
7：设置灯光后的渲染效果
8：最终渲染效果

分析点评：
本例使用目标灯光制作卧室装饰灯效果。同时，本例使用了光域网文件，并在渲染时开启了全局光照明。

040 清晨卧室

应用领域：室内灯光

技术要点：
使用VRay阳光和VRay灯光制作清晨卧室照明效果

思路分析：
设置灯光效果+设置灯光参数

难度系数： ★★★☆☆

灯光文件\W\040

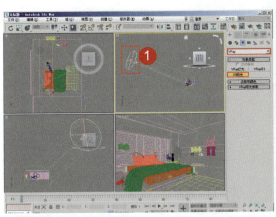
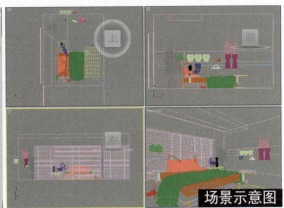

场景示意图

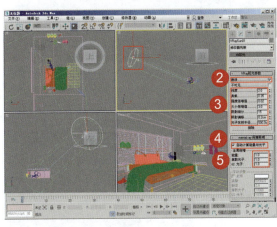
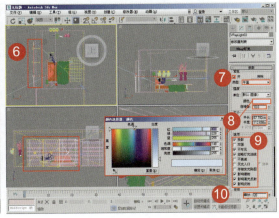

1：在场景中创建一盏VRay阳光
2：勾选"激活"复选框
3：设置其他参数
4：勾选"自动计算能量与光子"复选框
5：设置全局倍增参数
6：在床头两个窗口位置分别创建3盏VRay灯光
7：勾选"常规"选项组中的"开"复选框并设置灯光类型
8：设置灯光颜色和倍增器值
9：设置灯光大小和选项
10：设置灯光细分值

303

W 卧室灯光

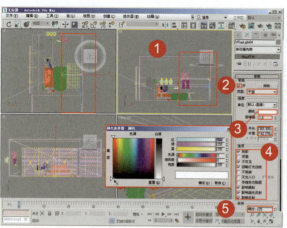
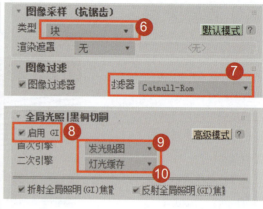

1：在床对面创建一盏VRay灯光
2：勾选"常规"选项组中的"开"复选框并设置灯光类型
3：设置灯光颜色和倍增器值
4：设置灯光大小和选项
5：设置灯光细分值
6：设置图像采样器的类型
7：勾选"图像过滤器"复选框并设置其方式
8：勾选"启用GI"复选框
9：设置首次引擎
10：设置二次引擎
11：设置发光贴图的当前预设
12：设置基本参数
13：设置灯光缓存的计算参数
14：设置灯光后的渲染效果
15：最终渲染效果

扩展案例\傍晚卧室照明

分析点评：
本例使用VRay阳光和VRay灯光来制作清晨卧室照明效果。清晨的阳光非常通透，并且能够产生倾斜的投影。本例利用窗格的阴影营造出了温馨的室内效果。

304

041 温馨卧室照明

应用领域：室内灯光

技术要点：
使用3ds Max自带灯光和VRay灯光制作温馨卧室照明效果

思路分析：
设置各个灯光参数+设置渲染效果

难度系数： ★★★★☆

灯光文件\VV\041

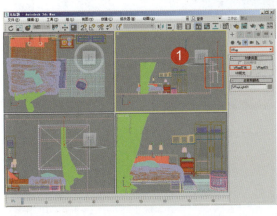

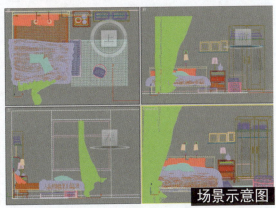

场景示意图

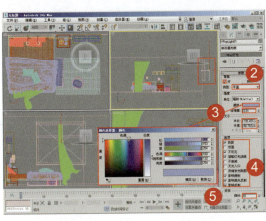

1：在场景中创建一盏VRay灯光
2：勾选"常规"选项组中的"开"复选框并设置灯光类型
3：设置灯光颜色和倍增器值
4：设置灯光大小和选项
5：设置灯光细分值
6：设置后的渲染效果

W 卧室灯光

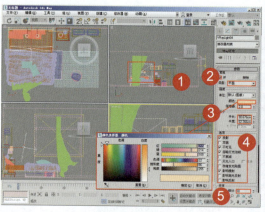

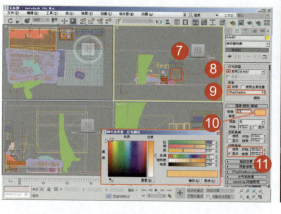

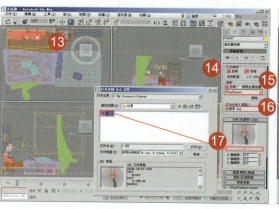
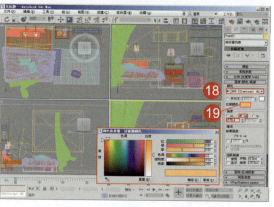

1：在场景中创建一盏VRay灯光
2：勾选"常规"选项组中的"开"复选框并设置灯光类型
3：设置灯光颜色和倍增器值
4：设置灯光大小和选项
5：设置灯光细分值
6：设置后的渲染效果
7：在卧室中间创建一盏泛光灯
8：勾选"灯光类型"选项组中的"启用"复选框并设置灯光类型
9：勾选"阴影"选项组中的"启用"复选框并设置阴影类型
10：设置灯光颜色和倍增值
11：设置灯光远距衰减范围
12：设置后的渲染效果
13：在床头灯位置创建两盏目标灯光
14：勾选"灯光属性"选项组中的"启用"和"目标"复选框
15：勾选"阴影"选项组中的"启用"复选框并设置阴影类型
16：设置灯光分布类型
17：为灯光指定光域网文件
18：设置灯光颜色类型
19：设置灯光过滤颜色和强度

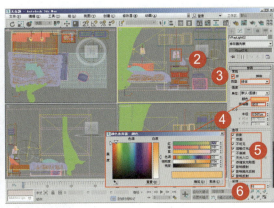

1：设置后的渲染效果
2：在台灯位置创建一盏VRay灯光
3：勾选"常规"选项组中的"开"复选框并设置灯光类型
4：设置灯光颜色和倍增器值
5：设置灯光大小和选项
6：设置灯光细分值
7：设置灯光后的渲染效果
8：最终渲染效果

扩展案例温馨餐厅照明

灯光文件\K\021

分析点评：

本例使用3ds Max自带灯光和VRay灯光制作温馨卧室照明效果。通过对灯光参数的设置，可以表现卧室明亮温馨的效果。

042 暖色卧室照明

应用领域：室内灯光

技术要点：
使用VRay灯光制作暖色卧室照明效果

思路分析：
设置各个灯光参数+设置渲染效果

难度系数： ★★★★☆

 灯光文件\W\042

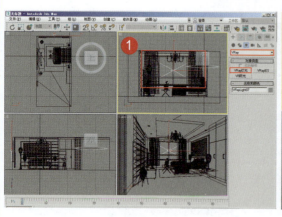

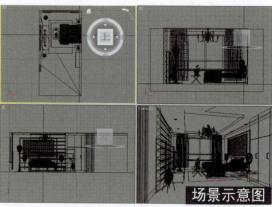

场景示意图

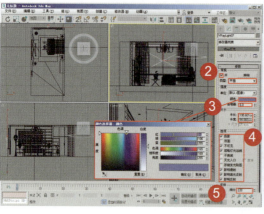

1：在场景中创建一盏VRay灯光
2：勾选"常规"选项组中的"开"复选框并设置灯光类型
3：设置灯光颜色和倍增器值
4：设置灯光大小和选项
5：设置灯光细分值
6：设置后的渲染效果

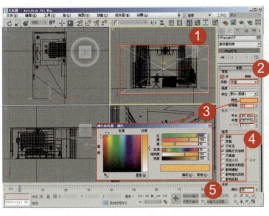 

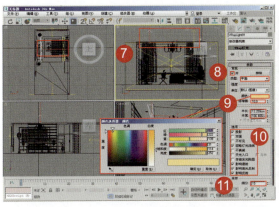 

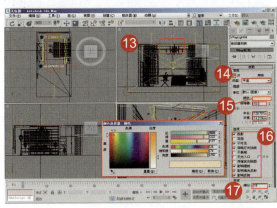 

1：在场景中创建一盏VRay灯光
2：勾选"常规"选项组中的"开"复选框并设置灯光类型
3：设置灯光颜色和倍增器值
4：设置灯光大小和选项
5：设置灯光细分值
6：设置后的渲染效果
7：在卧室顶部灯槽位置创建两盏VRay灯光
8：勾选"常规"选项组中的"开"复选框并设置灯光类型
9：设置灯光颜色和倍增器值
10：设置灯光大小和选项
11：设置灯光细分值
12：设置后的渲染效果
13：在灯槽的另外两侧创建两盏VRay灯光
14：勾选"常规"选项组中的"开"复选框并设置灯光类型
15：设置灯光颜色和倍增器值
16：设置灯光大小和选项
17：设置灯光细分值
18：设置后的渲染效果

W 卧室灯光

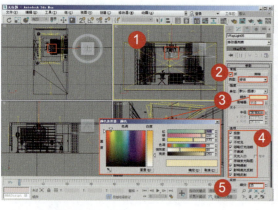 

1：在卧室吊灯位置创建一盏VRay灯光
2：勾选"常规"选项组中的"开"复选框并设置灯光类型
3：设置灯光颜色和倍增器值
4：设置灯光大小和选项
5：设置灯光细分值
6：设置后的渲染效果
7：在床头的台灯和地灯处创建VRay灯光
8：勾选"常规"选项组中的"开"复选框并设置灯光类型
9：设置灯光颜色和倍增器值

10：设置灯光大小和选项
11：设置灯光细分值
12：设置后的渲染效果
13：最终渲染效果

分析点评：

本例使用VRay灯光制作暖色卧室照明效果。通过对灯光参数的设置和渲染参数的设置，可以表现出卧室温暖明亮的效果。

扩展案例\欧式客厅照明

043 明亮卧室照明

应用领域：室内灯光

技术要点：
使用VRay灯光制作明亮卧室照明效果

思路分析：
设置各个灯光参数+设置渲染效果

难度系数： ★★★★☆

灯光文件\W\043

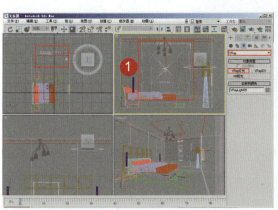
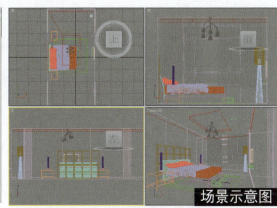

场景示意图

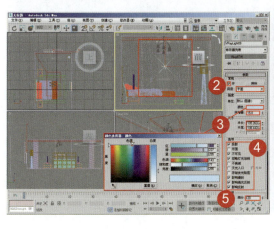

1：在场景中创建一盏VRay灯光
2：勾选"常规"选项组中的"开"复选框并设置灯光类型
3：设置灯光颜色和倍增器值
4：设置灯光大小和选项
5：设置灯光细分值
6：设置后的渲染效果

W 卧室灯光

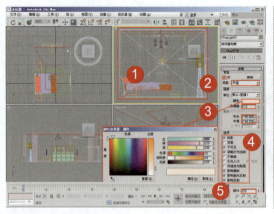 

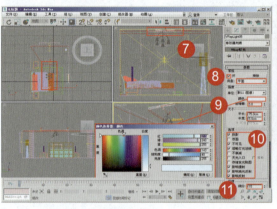 

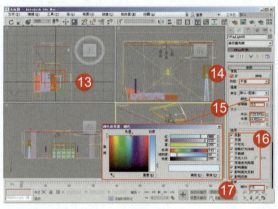 

1：在场景中创建一盏VRay灯光
2：勾选"常规"选项组中的"开"复选框并设置灯光类型
3：设置灯光颜色和倍增器值
4：设置灯光大小和选项
5：设置灯光细分值
6：设置后的渲染效果
7：在卧室顶部灯槽位置创建两盏VRay灯光
8：勾选"常规"选项组中的"开"复选框并设置灯光类型
9：设置灯光颜色和倍增器值
10：设置灯光大小和选项
11：设置灯光细分值
12：设置后的渲染效果
13：在灯槽的另外两侧创建两盏VRay灯光
14：勾选"常规"选项组中的"开"复选框并设置灯光类型
15：设置灯光颜色和倍增器值
16：设置灯光大小和选项
17：设置灯光细分值
18：设置后的渲染效果

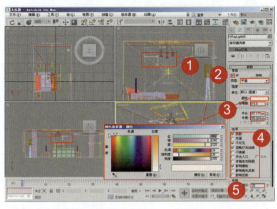

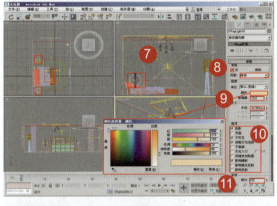

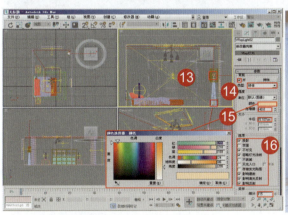

扩展案例\欧式餐厅照明

1：在卧室吊灯位置创建一盏VRay灯光
2：勾选"常规"选项组中的"开"复选框并设置灯光类型
3：设置灯光颜色和倍增器值
4：设置灯光大小和选项
5：设置灯光细分值
6：设置后的渲染效果
7：在床头的台灯位置分别创建一盏VRay灯光
8：勾选"常规"选项组中的"开"复选框并设置灯光类型
9：设置灯光颜色和倍增器值
10：设置灯光大小和选项
11：设置灯光细分值
12：设置后的渲染效果
13：在地灯中创建两盏VRay灯光
14：勾选"常规"选项组中的"开"复选框并设置灯光类型
15：设置灯光颜色和倍增器值
16：设置灯光大小和选项

分析点评：
本例使用VRay灯光制作明亮卧室照明效果。通过对灯光参数和渲染参数的设置，可以表现出卧室明亮的照明效果。

自然天光——044~050

本章介绍使用VRay灯光制作自然天光的方法。VRay灯光包括VRayLight、VRayISE和VRaySun，主要用在室内效果图和室外效果图中。希望下面的讲解能给大家带来一定的收获，并帮助大家制作出更精美的作品。

044 清晨照明

应用领域：室外灯光

技术要点：
使用3ds Max自带灯光和VRay灯光制作清晨照明效果

思路分析：
设置平行光效果+设置VRay灯光效果

难度系数： ★★★★☆

灯光文件\Z\044

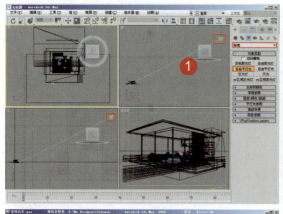

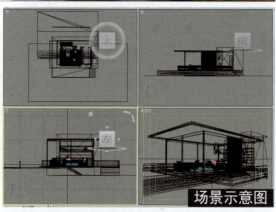

场景示意图

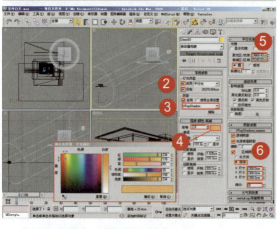

1：在场景中创建一盏目标平行光
2：勾选"灯光类型"选项组中的"启用"和"目标"复选框
3：勾选"阴影"选项组中的"启用"复选框并设置阴影类型
4：设置灯光颜色和倍增值
5：设置光锥参数
6：设置阴影参数
7：设置后的渲染效果

314

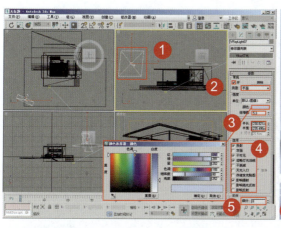 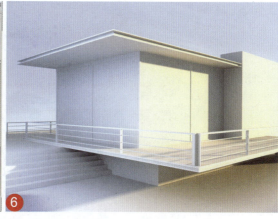

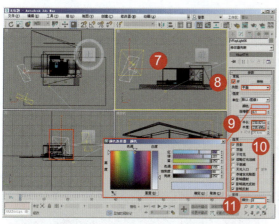 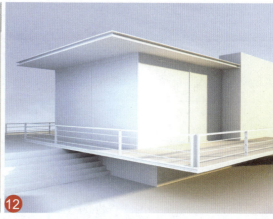

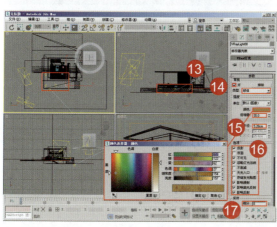 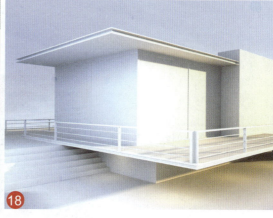

1：在场景中创建一盏VRay灯光
2：勾选"常规"选项组中的"开"复选框并设置灯光类型
3：设置灯光颜色和倍增器值
4：设置灯光大小和选项
5：设置灯光细分值
6：设置后的渲染效果
7：在场景中创建一盏VRay灯光作为补光灯
8：勾选"常规"选项组中的"开"复选框并设置灯光类型
9：设置灯光颜色和倍增器值
10：设置灯光大小和选项
11：设置灯光细分值
12：设置后的渲染效果
13：在地板下创建几盏泛光灯
14：勾选"常规"选项组中的"开"复选框并设置灯光类型
15：设置灯光颜色和倍增器值
16：设置灯光大小和选项
17：设置灯光细分值
18：设置后的渲染效果

Z 自然天光

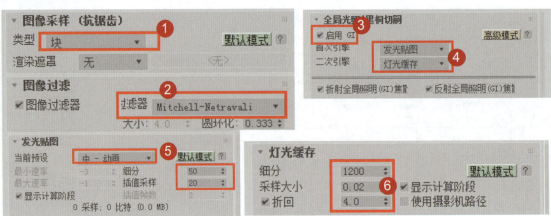

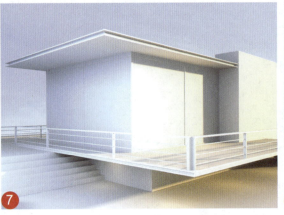

1：设置图像采样器类型
2：勾选"图像过滤器"复选框并设置其方式
3：勾选"启用GI"复选框
4：设置首次引擎和二次引擎
5：设置发光贴图的当前预设和基本参数
6：设置灯光缓存的计算参数
7：设置后的渲染效果
8：最终渲染效果

分析点评：
本例使用3ds Max自带灯光和VRay灯光制作清晨照明效果。通过对灯光的设置，可以表现清晨阳光的柔和、温暖效果，这种效果会给人一种朝气蓬勃的感觉。

045 夕阳照明

应用领域：室外灯光

技术要点：
使用3ds Max自带灯光制作夕阳照明效果

思路分析：
设置灯光效果+设置渲染效果

难度系数： ★★★☆☆

灯光文件\Z\045

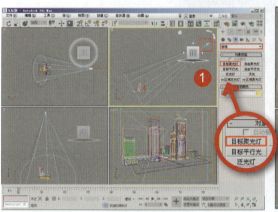

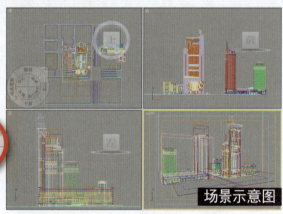

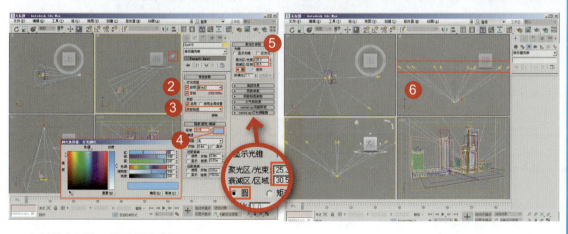

1：在场景中创建一盏目标聚光灯
2：勾选"灯光类型"选项组中的"启用"和"目标"复选框
3：勾选"阴影"选项组中的"启用"复选框并设置阴影类型
4：设置灯光颜色和倍增值
5：设置光锥参数
6：将设置好的灯光阵列复制

Z 自然天光

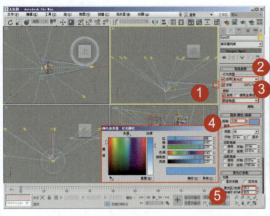
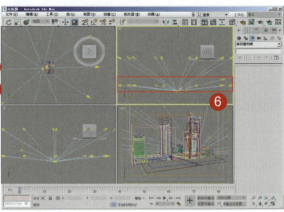
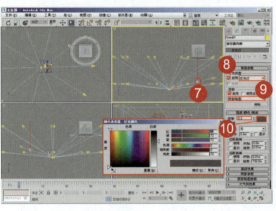
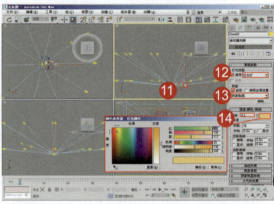

1：把上面的灯光阵列粘贴到下面
2：勾选"灯光类型"选项组中的"启用"和"目标"复选框并设置灯光类型
3：勾选"阴影"选项组中的"启用"复选框并设置阴影类型
4：设置灯光颜色和倍增值
5：设置聚光灯参数
6：将设置好的灯光阵列复制
7：在场景中创建一盏泛光灯
8：勾选"灯光类型"选项组中的"启用"复选框并设置灯光类型
9：勾选"阴影"选项组中的"启用"复选框并设置阴影类型
10：设置灯光颜色和倍增值
11：在场景中创建一盏泛光灯
12：勾选"灯光类型"选项组中的"启用"复选框并设置灯光类型
13：勾选"阴影"选项组中的"启用"复选框并设置阴影类型
14：设置灯光颜色和倍增值

分析点评：

本例使用3ds Max自带灯光制作夕阳照明效果。通过对灯光颜色的设置，可以表现出晚霞的效果。另外，设置不同的灯光颜色会有不同的效果。

046 中午照明

应用领域：室外灯光

技术要点：
使用VRay阳光制作中午照明效果

思路分析：
设置灯光的位置和基本参数+设置渲染效果

难度系数： ★★★☆☆

灯光文件\Z\046

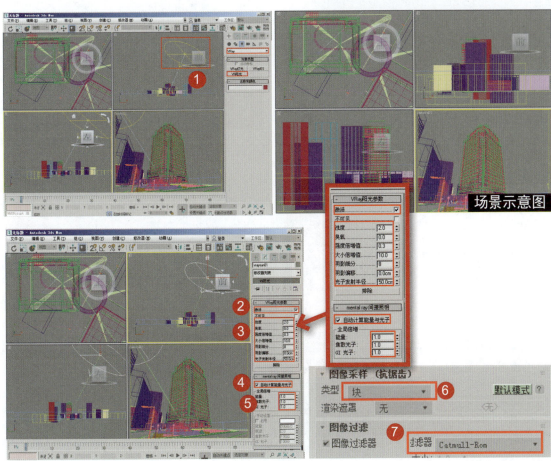

1：在场景中创建一盏VRay阳光
2：勾选"激活"复选框
3：设置灯光的其他参数
4：勾选"自动计算能量与光子"复选框
5：设置全局倍增参数
6：设置图像采样器类型
7：勾选"图像过滤器"复选框并设置其方式

Z 自然天光

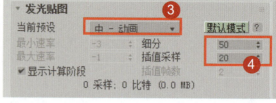

1：勾选"启用GI"复选框
2：设置首次引擎和二次引擎
3：设置发光贴图的当前预设
4：设置基本参数
5：设置灯光后的渲染效果
6：最终渲染效果

分析点评：
本例使用VRay阳光制作中午照明效果。通过对灯光的设置和调整，可以表现中午的光照效果。大家也可以尝试使用其他灯光制作同样的效果。

047 阴天照明

应用领域：室外灯光

技术要点：
使用VRay灯光制作阴天照明效果

思路分析：
设置灯光效果+设置渲染效果

难度系数： ★★★☆☆

灯光文件\Z\047

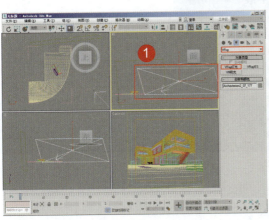
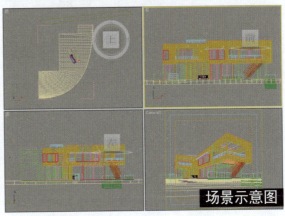

场景示意图

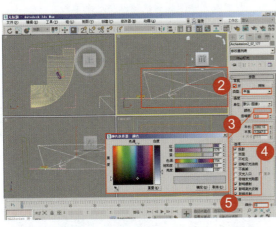
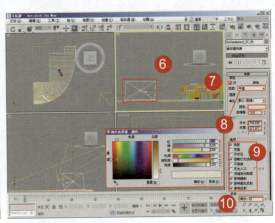

1：在场景中创建一盏VRay灯光
2：勾选"常规"选项组中的"开"复选框并设置灯光类型
3：设置灯光颜色和倍增器值
4：设置灯光大小和选项
5：设置灯光细分值

6：在场景中添加一盏VRay灯光作为补光灯
7：勾选"常规"选项组中的"开"复选框并设置灯光类型
8：设置灯光颜色和倍增器值
9：设置灯光大小和选项
10：设置灯光细分值

Z 自然天光

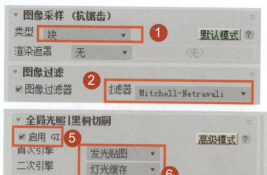
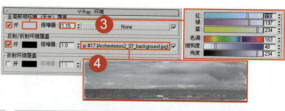
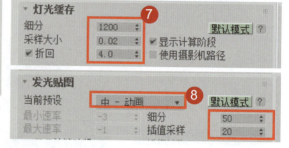
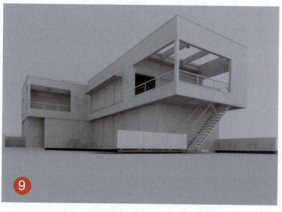

1：设置图像采样器类型
2：勾选"图像过滤器"复选框并设置其方式
3：勾选"全局照明环境覆盖"选项组中的"开"复选框并设置颜色和倍增器值
4：勾选"反射/折射环境覆盖"选项组中的"开"复选框并为该通道添加贴图
5：勾选"启用GI"复选框
6：设置首次引擎和二次引擎
7：设置灯光缓存的计算参数
8：设置发光贴图的当前预设和基本参数
9：设置灯光后的渲染效果
10：最终渲染效果

分析点评：
本例使用VRay灯光制作阴天照明效果。通过对灯光颜色的设置，可以表现出阴天的效果。另外，设置不同的灯光颜色会有不同的效果。

048 下雨天照明

应用领域：室外灯光

技术要点：
使用3ds Max自带灯光制作下雨天照明效果

思路分析：
设置灯光效果+设置渲染效果

难度系数： ★★★☆☆

灯光文件\Z\048

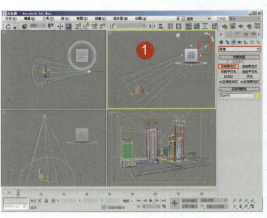

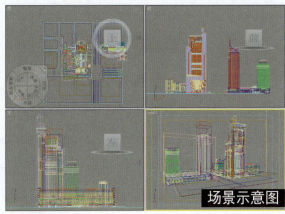

场景示意图

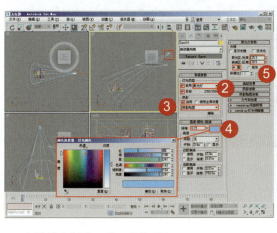

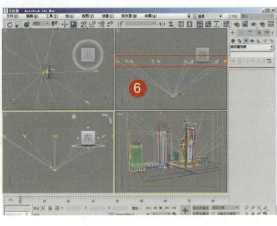

1：在场景中创建一盏目标聚光灯
2：勾选"灯光类型"选项组中的"启用"和"目标"复选框并设置灯光类型
3：勾选"阴影"选项组中的"启用"复选框并设置阴影类型
4：设置灯光颜色和倍增值
5：设置光锥参数
6：将设置好的灯光按角度进行阵列操作

Z 自然天光

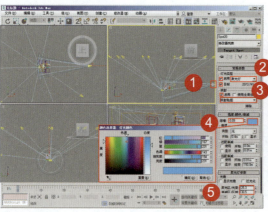
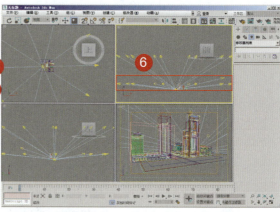
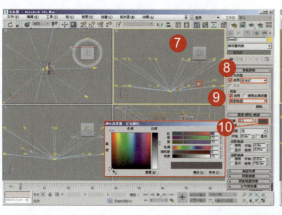
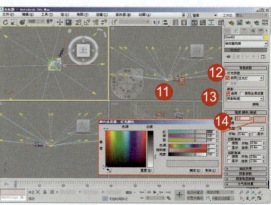

1：把上面的灯光阵列复制到下面
2：勾选"灯光类型"选项组中的"启用"和"目标"复选框并设置灯光类型
3：勾选"阴影"选项组中的"启用"复选框并设置阴影类型
4：设置灯光颜色和倍增值
5：设置光锥参数
6：将设置好的灯光进行阵列操作
7：在场景中创建一盏泛光灯
8：勾选"灯光类型"选项组中的"启用"复选框并设置灯光类型
9：勾选"阴影"选项组中的"启用"复选框并设置阴影类型
10：设置灯光颜色和倍增值
11：在场景中创建一盏泛光灯
12：勾选"灯光类型"选项组中的"启用"复选框并设置灯光类型
13：勾选"阴影"选项组中的"启用"复选框并设置阴影类型
14：设置灯光颜色和倍增值

分析点评：

本例使用3ds Max自带灯光制作下雨天照明效果。雨天天空使用了一个纯度较低的背景图，聚光灯阵列的设置较为简单（只是调整了照明强度），圆形灯光阵列模拟了全局光照明。

049 夜晚照明

应用领域：室外灯光

技术要点：
使用3ds Max自带灯光制作夜晚照明效果

思路分析：
设置灯光效果+设置渲染效果

难度系数： ★★★★☆

灯光文件\Z\049

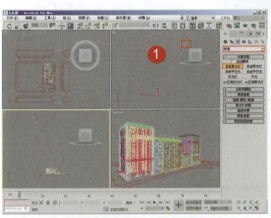

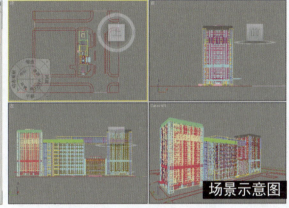

场景示意图

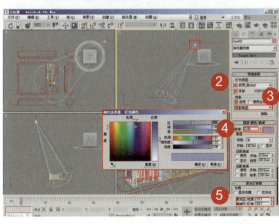

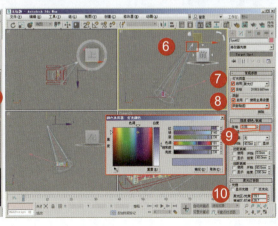

1：在场景中创建一盏目标聚光灯
2：勾选"灯光类型"选项组中的"启用"和"目标"复选框并设置灯光类型
3：勾选"阴影"选项组中的"启用"复选框并设置阴影类型
4：设置灯光颜色和倍增值
5：设置光锥参数
6：在场景中创建一盏目标聚光灯
7：勾选"灯光类型"选项组中的"启用"和"目标"复选框并设置灯光类型
8：勾选"阴影"选项组中的"启用"复选框并设置阴影类型
9：设置灯光颜色和倍增值
10：设置光锥参数

Z 自然天光

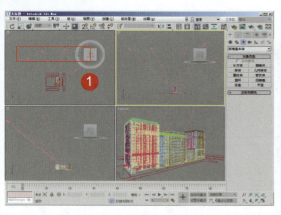
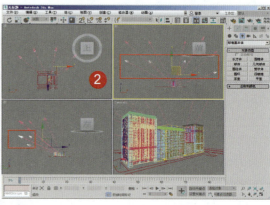
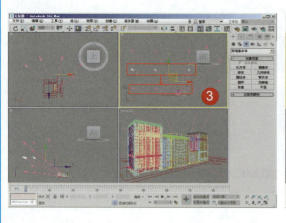
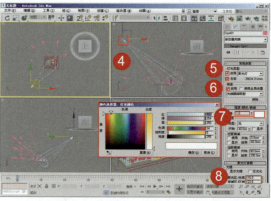
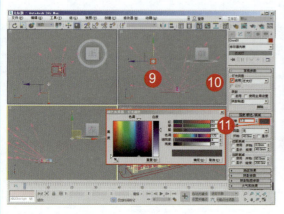
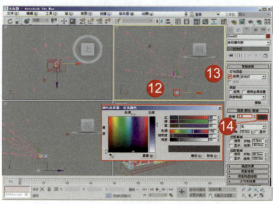

1：将设置好的灯光进行阵列操作
2：将阵列好的灯光复制
3：选择其中3盏灯进行复制
4：在场景中创建一盏目标聚光灯
5：勾选"灯光类型"选项组中的"启用"和"目标"复选框并设置灯光类型
6：勾选"阴影"选项组中的"启用"复选框并设置阴影类型
7：设置灯光颜色和倍增值
8：设置光锥参数
9：在场景中创建一盏泛光灯
10：勾选"灯光类型"选项组中的"启用"复选框
11：设置灯光颜色和倍增值
12：在场景中创建一盏泛光灯
13：勾选"灯光类型"选项组中的"启用"复选框
14：设置灯光颜色和倍增值

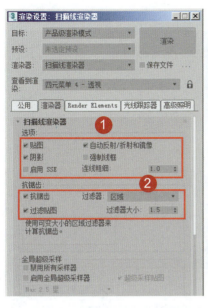 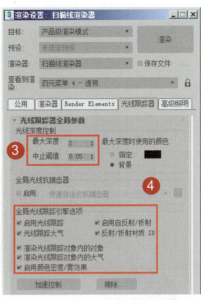

1：设置选项参数
2：设置抗锯齿参数
3：设置光线深度控制参数
4：设置全局光线跟踪引擎选项参数
5：设置灯光后的效果
6：最终渲染效果

分析点评：
本例使用3ds Max自带灯光制作夜晚照明效果。这里使用了多层灯光阵列控制高层楼宇的外立面照明，并在大楼内部使用了无数盏经过衰减控制的泛光灯。

050 日出照明

应用领域：室外灯光

技术要点：
使用VRay阳光制作日出照明效果

思路分析：
设置灯光效果+设置渲染效果

难度系数： ★★★☆☆

灯光文件\Z\050

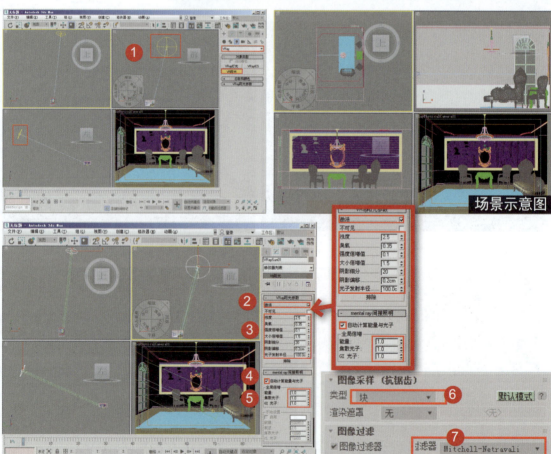

场景示意图

1：在场景中创建一盏VRay阳光
2：勾选"激活"复选框
3：设置其他参数
4：勾选"自动计算能量与光子"复选框
5：设置全局倍增参数
6：设置图像采样器类型
7：勾选"图像过滤器"复选框并设置其方式

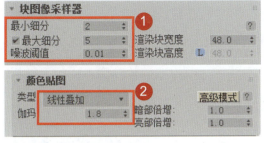
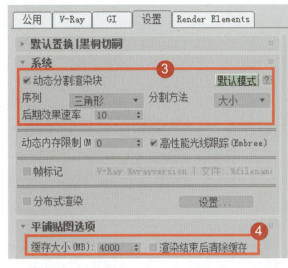

1：设置块图像采样器参数
2：设置颜色贴图的类型和参数
3：设置渲染块参数
4：设置缓存大小
5：设置灯光后的渲染效果
6：最终渲染效果

分析点评：

本例使用VRay阳光制作日出照明效果，并使用了Photoshop进行后期处理。这里使用了较弱的光子反射，让清晨的感觉更加明显。

附录A

附录A主要介绍3ds Max材质库的用法和使用VRay作图的经验，以及本书赠送的材质库。通过学习3ds Max材质库的用法，大家可以将常用的材质保存在自己的材质库中，以备使用。而使用VRay作图的经验是作者多年来在日常工作中积累的宝贵经验，希望可以在学习方面帮助大家。

3ds Max材质库的用法

在我们的日常工作中,很多时候使用的材质是可以被重复使用的,下面介绍建立个人材质库的方法,将编辑好的材质类型存储在个人材质库中,以便以后不再重复操作。

存储自己的材质库

(1)假设我们已经制作好了一个令人满意的黄金材质,在"文件名"文本框中给该材质命名为"黄金材质",将该材质赋予一个物体后,选择该物体。单击"材质编辑器"界面中的 按钮,打开"材质/贴图浏览器"对话框,在"示例窗"卷展栏中选择黄金材质并右击,在弹出的快捷菜单中选择"复制到"→"临时库"命令,将黄金材质复制到临时库。

(2)选择临时库并右击,在弹出的快捷菜单中选择"另存为"命令,将黄金材质保存。

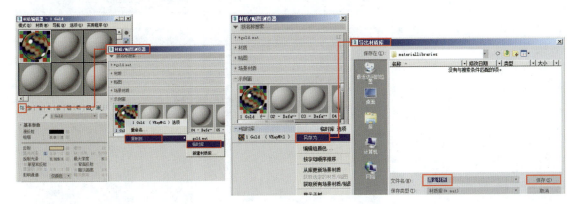

打开自己的材质库

下面介绍一下如何打开创建好的材质库。

如果想使用已经做好的黄金材质,则选择一个空白样本球,单击"材质编辑器"界面中的 按钮,打开"材质/贴图浏览器"对话框。然后单击 按钮,在弹出的下拉菜单中选择"打开材质库"命令,选择保存的路径,打开材质库。

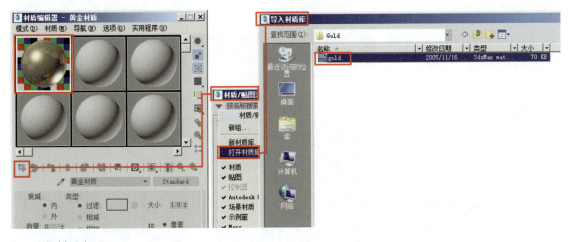

选择材质库

在"材质/贴图浏览器"对话框的材质列表中找到材质库中的材质,双击一个需要的材质就可以将其加入"材质编辑器"界面中。如果需要继续增加材质到这个材质库中,则需要确定当前材质库为打开状态,选中要存储的材质样本球,单击 按钮即可。

本书赠送材质库

🔘 赠送文件

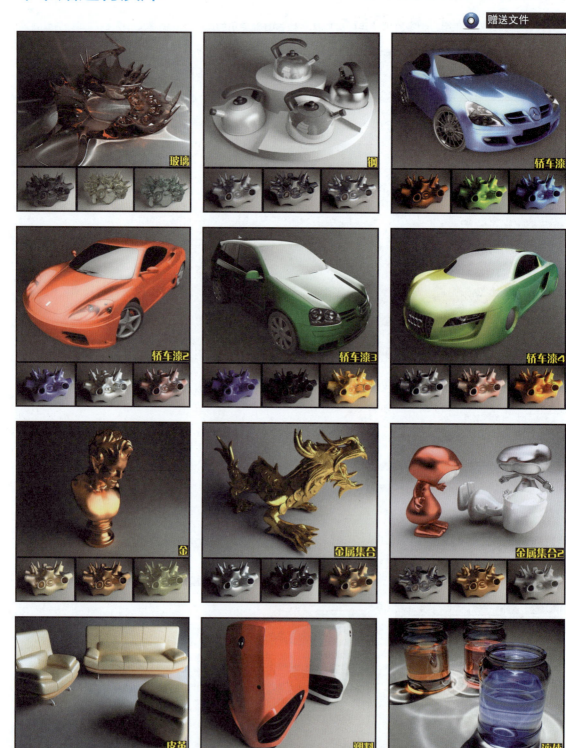

使用VRay作图的经验

VRay 渲染器自带一系列材质样式和贴图样式（本书前面章节已经列出），使用它们制作材质效果非常好。虽然 VRay 渲染器支持大部分 3ds Max 默认材质，但使用 VRay 专用材质更容易制作出我们想要的效果，而且最重要的是，它们的渲染速度更快。

作图的过程讲究方法，一旦方法不正确，则该过程将是痛苦的。很多人在使用 VRay 时，会在场景中胡乱设置，不但渲染速度慢，也得不到想要的效果。针对这个制作流程的问题，以我自己制作室内一幅图时的流程为例，可归纳为两部分：快速、准确地做出预想的效果和快速渲染出图。

场景制作阶段

（1）将场景以实际尺寸制作完成，先给所有物体赋予一个无反射和无折射参数的浅灰色 VRay 材质，用于测试灯光。

（2）设置 VRay 渲染器，将渲染效果设置到最小精度，方法如下所述。

① 勾选"全局光照"卷展栏中的"启用 GI"复选框。

② 在一般情况下，设置图像过滤器方式为 Catmull-Rom（这个锐度比较高）。

③ 在"发光贴图"卷展栏中，设置"当前预设"为"低"，或者选择更高一些的预设值，然后勾选"自定义"复选框，将"最小速率"和"最大速率"都设置为 −3。

④ 勾选"显示计算阶段"复选框，在测试渲染时能够及时看到光子运算的效果。

⑤ 将测试渲染的图像大小设置为较小的尺寸，每次都使用"区域"方式渲染局部（省时间）。

（3）设置主要的灯光，方法如下所述。

在窗口设置 VRay 光源，勾选"天光入口"复选框，用它来代替天光，这样做的目的是避免天光和环境光影响光子运算，产生不正确的效果。补光灯以后再设置，这里先设置主要材质，因为材质的效果会直接影响室内灯光的效果。

（4）隐藏窗口玻璃物体，简单测试一下渲染效果，然后就应该考虑材质了。

（5）设置主要的材质，方法如下所述。

先从大块物体开始（墙面和地面），所有材质均使用无模糊反射和折射（模糊折射是渲染速度的"终极杀手"，千万不要用）的材质（这样做的目的是使渲染速度变快）。注意贴图的比例，这是反映物体真实度的标杆。先不要为小的细节物体赋予材质（它有默认的 VRay 材质，可以产生和接收光子运算，不影响整体）。

（6）继续调整灯光，增加其他的补光灯，将灯光调整到最佳。

（7）完成其他物体的材质贴图设置，适当给需要重点表现的物体添加模糊反射属性。

渲染阶段

（1）使用光照贴图可以节约重复进行光子运算的时间。在一般情况下，使用"灯光缓存"、"发光贴图"、"光子贴图"或"暴力计算"方式的搭配进行渲染，至于哪种方式组合更有优势，需要根据自己的熟练程度和习惯进行选择。重要的是先将图片渲染成 320 像素 ×240 像素的小图并保存计算结果，这样比较省时间。

（2）在渲染光照贴图时，先取消勾选"全局光照"卷展栏的"折射全局照明焦散"和"反射全局照明焦散"复选框，快速渲染出高质量的光照贴图。在渲染之前，切记将以上测试渲染时使用的所有能提高渲染质量的参数调高，因为我们需要渲染 320 像素 ×240 像素的小图，所以可以调高一些。

（3）最终使用这幅 320 像素 ×240 像素的光照贴图渲染我们需要的超大图。

一、VRay材质类型

这里介绍 3 种 VRay 常用的材质类型，分别是 VRayMtl、VRay 灯光材质和 VRay 材质包裹器。VRayMtl 可以替代 3ds Max 的默认材质，它的突出之处是可以轻松控制物体的模糊反射、折射及类似于蜡烛效果的半透明材质；VRay 灯光材质用于制作类似于自发光灯罩等材质类型；VRay 材质包裹器则类似于一个材质包裹，任何材质经过它的包裹后，都可以控制接收和传递光子的强度。下面就逐一介绍它们的参数。

1. VRayMtl 材质类型

认识 VRayMtl 材质类型的参数面板，如右图所示。

漫反射：设置材质的漫反射颜色。

反射：设置反射颜色。

菲涅耳反射：勾选这个复选框后，反射的强度将取决于物体表面的入射角。自然界中有一些材质（如玻璃）的反射就是这种方式。需要注意的是，这个效果还取决于材质的折射率。

菲涅尔 IOR：这个选项在其后面的 L（锁定）按钮弹起的时候被激活，可以单独设置菲涅耳反射的折射率。

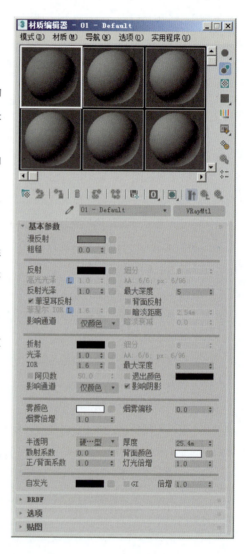

高光光泽：控制 VRay 材质的高光状态。在默认情况下，当 L 按钮处于被按下状态时，"高光光泽"选项处于非激活状态。

L 按钮，即 Lock 锁定按钮，当它弹起时，"高光光泽"选项被激活，此时高光的效果由这个选项控制，不再受"反射光泽"选项的控制。

反射光泽：这个选项用于设置反射的锐利效果。当其值为 1 时表示一种完美的镜面反射效果，随着取值的减小，反射效果会越来越模糊。平滑反射的质量由下面的细分参数控制。

细分：控制平滑反射的品质。较小的取值将加快渲染速度，但是会导致更多的噪波，反之亦然。

最大深度：定义反射能完成的最大次数。需要注意的是，当场景中具有大量的反射/折射表面时，这个选项要被设置得足够大才会产生真实的效果。

退出颜色：当光线在场景中反射达到最大深度定义的反射次数后就停止反射，此时这个颜色将被返回，并且不再追踪远处的光线。

折射：控制物体的折射强度（该区域下的参数与反射参数相似）。

雾颜色：当光线穿透材质时，它会变稀薄，这个选项可以让用户模拟厚的物体比薄的物体透明度低的情形。雾颜色的效果取决于物体的绝对尺寸。

烟雾倍增：定义烟雾效果的强度，不推荐取值超过 1.0。

影响阴影：这个选项将导致物体投射透明阴影，透明阴影的颜色取决于折射颜色和烟雾颜色。

半透明：下拉列表中有几个材质选项，选中某个选项后，将会使材质半透明——即光线可以在材质内部进行传递。需要注意的是，要使这种效果可见的前提是激活材质的折射效果。这种效果就是 VR_快速 SSS 效果，目前 VRay 材质仅支持单反弹散射。

厚度：这个选项用于限定光线在表面下被追踪的深度，在用户不想或不需要追踪完全的散射效果时，可以通过设置这个选项来达到目的。

灯光倍增：定义半透明效果的倍增值。

散射系数：定义在物体内部散射的数量。值为 0 表示光线会在任何方向上被散射；值为 1.0 则表示在次表面散射的过程中光线不能改变散射方向。

正 / 背面系数：控制光线散射的方向。0 表示光线只能向前散射（在物体内部远离表面）；0.5 表示光线向前或向后散射的概率是相等的；1 则表示光线只能向后散射（朝向表面，远离物体）。

2. VRay 灯光材质类型

认识 VRay 灯光材质类型，如下图所示。

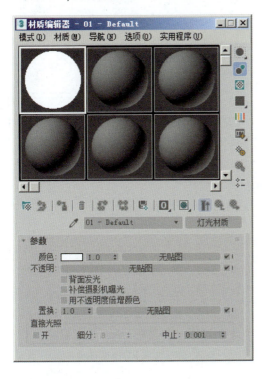

颜色：控制物体的发光颜色。

背面发光：控制是否让物体双面均产生亮度。

不透明：指定材质来替代 Color 发光。

3. VRay 材质包裹器材质类型

VRay 渲染器提供的 VRay 材质包裹器材质可以嵌套 VRay 支持的任何一种材质类型，并且可以有效地控制 VRay 的色溢，如下图所示。

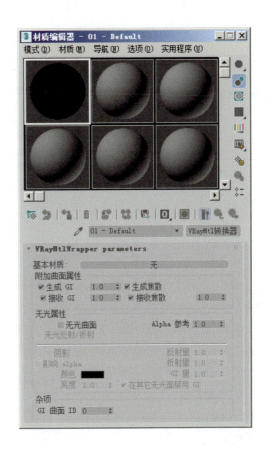

基本材质：被嵌套的材质。

生成 GI：该选项用于控制物体表面光能传递产生的强度。

接收 GI：该选项用于控制物体表面光能传递接收的强度。

生成焦散：该选项用于控制物体表面焦散产生的强度。

接收焦散：该选项用于控制物体表面焦散接收的强度。

二、VRay贴图类型

这里介绍两种贴图类型，VRay贴图类型可以替代3ds Max的默认光线跟踪贴图，用于控制物体的反射和折射属性。VRayHDRI贴图类型可将高动态范围图像（HDRI）作为真实环境贴图使用，以产生逼真的光照效果，可用于模拟真实光照。

1. VRay贴图类型

VRay贴图的主要作用是在3ds Max标准材质或第三方材质中增加反射/折射，其用法类似于3ds Max中光线跟踪类型的贴图。但在VRay中是不支持光线跟踪类型的贴图的，在需要使用该贴图时应以VRay贴图代替，如下图所示。

反射：选择该选项表示使用VRay贴图作为反射贴图，相应地，下面的参数控制组也会被激活。

折射：选择该选项表示使用VRay贴图作为折射贴图，相应地，下面的参数控制组也会被激活。

环境贴图：允许选择环境贴图。

1）反射参数

过滤颜色：用于定义反射的倍增值，白色表示完全反射，黑色表示没有反射。

背面反射：强制VRay灯光在物体的两面都反射。

光泽：这个选项用于控制光泽度（实际上是反射模糊效果）效果。

光泽度：值为0，产生一种非常模糊的效果。

细分：定义场景中用于评估材质中反射模糊光线的数量。

最大深度：定义反射完成的最多次数。

中止阈值：在一般情况下，对最终渲染图像贡献较小的反射是不会被追踪的，这个选项就是用来定义这个极限值的。

退出颜色：定义在场景中光线反射达到最大深度的设定值后会以什么颜色被返回来，此时并不会停止追踪光线，只是光线不再反射。

2）折射参数

雾颜色：VRay可以用雾来控制折射物体。

烟雾倍增：设置雾色的倍增值，取值越小则物体越透明。

其他参数与上面讲的反射参数含义基本一样。

2. VRayHDRI贴图类型

VRayHDRI贴图类型用于导入高动态范围图像（HDRI）作为环境贴图，支持大多数标准环境贴图类型，如下图所示。

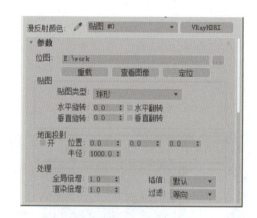

HDR贴图：指定使用的HDRI贴图的寻找路径。目前支持.hdr等很多图像文件，除了.hdr格式，其他格式的贴图文件虽然可以调用，但不能起到真正的照明作用。

位图：指定HDRI贴图。

贴图类型：选择环境贴图的类型。

水平旋转：设定环境贴图水平方向旋转的角度。

水平翻转：在水平方向反向设定环境贴图。

垂直旋转：设定环境贴图垂直方向旋转的角度。

垂直翻转：在垂直方向反向设定环境贴图。

地面投影：打开投影效果。

全局倍增：用于控制HDRI图像的亮度。

三、VRay灯光

在 VRay 中，只要打开间接照明开关，就会产生真实的全局照明效果。VRay 渲染器支持 3ds Max 的大部分内置灯光（skylight 和 IESsky 不支持）。VRay 渲染器自带了 4 种专用灯光，包括 VRayLight、VRayAmbientLight、VRayIES 和 VRaySun。

VRay 灯光系统和 3ds Max 的区别在于是否具有面光。在现实世界中，所有光源都是有体积的，体积光主要表现在范围照明和柔和投影上。而 3ds Max 的标准灯光都是没有体积的，Photomeric 光度灯有几种是有体积的。实际上，阴影并不是按体积计算的，需要使用 Area 投影，Area 投影只是对面光的一种模拟。

1. VRayLight（VRay 灯光）

VRay 灯光是 VRay 渲染器的专用灯光，它可以被设置为纯粹的不被渲染的照明虚拟体，也可以被渲染出来，甚至可以作为环境天光的入口。VRay 灯光的最大特点是可以自动产生极其真实的自然光影效果。VRay 灯光可以创建平面光源、球体光源和半球光源。VRay 灯光可以双面发射，可以被设置为在渲染图像上不可见，可以更加均匀地向四周发散灯光法线。如果不忽略灯光法线，则会在法线方向发射更多的光线，在 Plane 模式下才看得出（许多时候选择忽略比较接近现实情况），可以没有灯光衰减（默认强度为 30，不衰减为 1，这个衰减是以平方数递减的，虽然现实近乎这样，但一般情况下不用衰减）。

VRay 灯光的参数控制面板如右图所示。

开：控制 VRay 灯光照明的开关与否。

双面：在灯光被设置为平面类型时，这个选项用于决定是否在平面的两边都产生灯光效果。这个选项对球体光源没有作用。下图所示为取消勾选和勾选该复选框对场景的影响。

不可见：设置在最后的渲染效果中光源形状是否可见。下图所示为勾选该复选框对场景的影响。

不衰减：在真实的世界中，远离光源的表面会比靠近光源的表面显得更暗。勾选该复选框后，灯光的亮度将不会因为距离而衰减。下图所示为取消勾选和勾选该复选框对场景的影响。

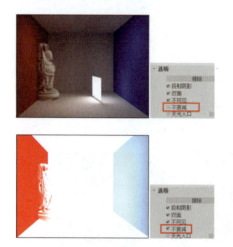

影响漫反射：在一般情况下，光源表面在空间的任何方向上发射的光线都是均匀的，在不勾选这个复选框的情况下，VRay 会在光源表面的法线方向上发射更多的光线。下图所示为勾选和取消勾选该复选框对场景的影响。

颜色：设置灯光的颜色。下图所示为灯光色彩的测试图。

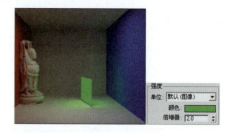

倍增器：设置灯光颜色的倍增值。下图所示为倍增值参数测试效果图。

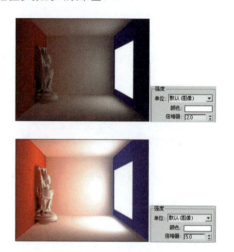

天光入口：勾选该复选框后，前面设置的颜色和倍增值都将被 VRay 忽略，并以环境的相关参数设置取代。下图所示为天光入口测试，VRay 灯光的光照被环境光所取代，VRay 灯光仅扮演了一个光线方位的角色。

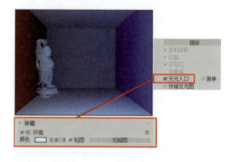

存储发光图：当勾选该复选框时，如果计算 GI 使用的是发光贴图方式，系统将计算 VRay 灯光的光照效果，并将计算结果保存在发光贴图中。将间接光的计算结果存储到发光贴图中备用是一个不错的选择，可以提高计算速度，但是也明显受到发光贴图精度的制约，如果发光贴图的计算参数比较高，则还是可以使用的。另一个问题就是，这样可能会

导致物体间接触的地方出现漏光现象,这个情况可以通过勾选渲染面板"VRay 发光贴图"卷展栏中"检查采样的可见性"复选框得到解决。

影响镜面和影响反射:勾选这两个复选框后,VRay 灯光将影响镜面和反射物体的光线反弹。

平面:将 VRay 灯光设置成长方形形状,效果如下图所示。

穹顶:将 VRay 灯光设置成圆盖形状,效果如下图所示。

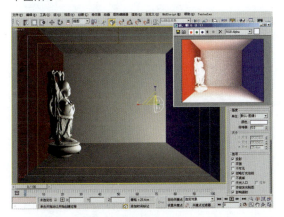

球体:将 VRay 灯光设置成球状,效果如下图所示。

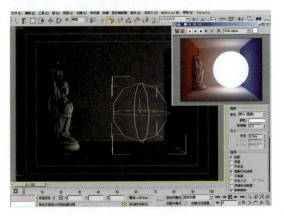

U 向尺寸:设置光源的 U 向尺寸(如果光源类型为球体,这个选项用于设置球的半径)。

V 向尺寸:设置光源的 V 向尺寸(如果光源类型为球体,这个选项没有效果)。

W 向尺寸:当前这个选项设置没有效果,它是一个预留的选项,如果将来 VRay 支持方体形状的光源类型,则它可以用来设置其 W 向尺寸。

样本细分:设置在计算灯光效果时使用的样本数量,较高的取值将产生平滑的效果,但是会耗费更多的渲染时间。下图所示为不同样本细分的测试图。当 Subdivs 控制计算精度较低时会出噪波颗粒。

VRay 灯光总结:VRay 的全局光计算速度受灯光数量影响十分大,灯越多计算速度越慢,制作夜景肯定比制作日景慢很多。但是,发光体的数量对速度影响不大,所以应当尽可能使用发光体而不要

使用灯光。例如，在灯槽中放置一个 VRay 灯光的平面光源，这是最慢的（平面光源比同样的发光片慢很多，也是灯光里最慢的），或者简单地放置一个 Omni，虽然快了不少，但是效果一般。最好的做法是给灯槽内发光的部分材质赋予一定的自发光材质，这样虽然看起来不太好控制强度，但是如果它是一个异型灯或者房间里有数十个这样的灯，我们就会感觉到方便多了。

2. VRaySun（VRay 阳光）

VRay 阳光是 VRay 渲染器新添加的灯光种类，功能比较简单，主要用于模拟场景的太阳光照射效果。下图所示为 VRay 阳光面板。

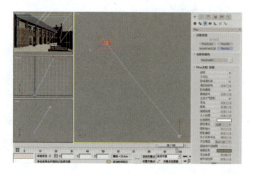

启用：灯光的开关。

浑浊：设置空气的浑浊度，这个参数的值越大，空气越不透明（光线越暗）。而且会呈现出不同的阳光颜色，早晨和黄昏的空气浑浊度较大，正午的空气浑浊度较低。下图所示为浑浊度参数测试。

注：图片中"浑浊"应为"混浊"。

臭氧：设置臭氧层的稀薄指数。该值对场景影响较小，值越小，臭氧层越薄，到达地面的光能辐射越多（光子漫射效果越强）。下图所示为臭氧参数测试，从图中可以看到阴影区域的亮度变化。

强度倍增：设置阳光的亮度，在一般情况下设置较小的值就可以满足需求了。

下图所示为强度倍增参数测试。

大小倍增：设置太阳的尺寸。

阴影细分：设置阴影的采样值。值越高，画面越细腻，但渲染速度会越慢。

阴影偏移：设置物体阴影的偏移距离。值为 1.0 时阴影正常，大于 1.0 时阴影远离投影对象，小于 1.0 时阴影靠近投影对象。下图所示为阴影偏移参数测试。

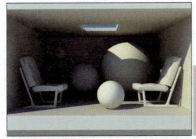

3. VRaySky 贴图

VRay 阳光灯光经常配合 VRaySky 专用环境贴图同时使用。当改变 VRay 阳光灯光位置的同时，VRaySky 贴图也会随之自动变化并模拟出天空变化。VRaySky 是一种天空球贴图，属于贴图类型。

下面结合 VRay 阳光灯光介绍 VRaySky 贴图的参数使用方法。使用 VRay 阳光灯光给场景设置灯光，如下图所示。

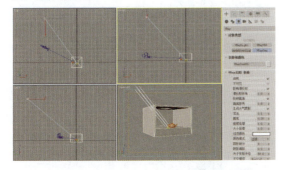

（1）首先从环境面板中打开"环境和效果"界面，如下图所示。

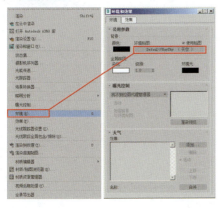

（2）建立 VRay 阳光灯光时，系统会自动加载天光贴图到"环境和效果"界面中，将其以实例形式复制到"材质编辑器"界面中，如下图所示。

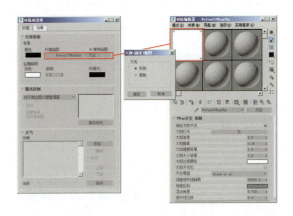

（3）单击"材质编辑器"界面中的"无"按钮，选择场景中的 VRay 阳光灯光，这样就将太阳和天空连接在一起了。当我们移动 VRay 阳光灯光的位置时，天空球贴图也会随之转动和变换天空色。下图所示为不同灯光位置的天空球贴图效果。

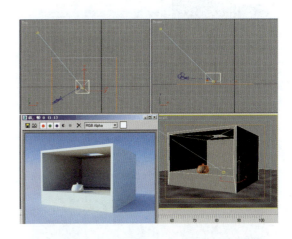

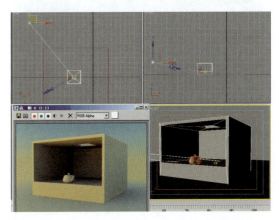

VRaySky 贴图的参数如下所述。

指定太阳节点：勾选右边的复选框后即可指定场景中的灯光。

太阳灯光：指定场景中的灯光为太阳中心点的位置。下图所示为指定场景中的VRay阳光为中心点。

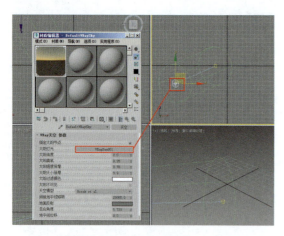

太阳浊度：设置空气的混浊度，当设置为2.0时为最晴朗的天空。下图所示为太阳浊度参数测试。

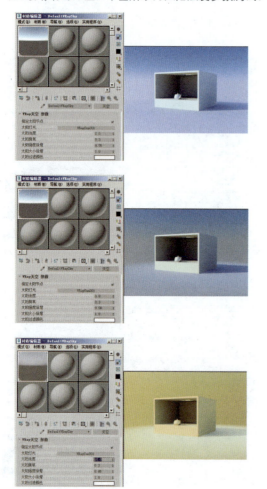

太阳臭氧：设置臭氧层的稀薄指数，该值的设置对场景影响不大。下图所示为太阳臭氧参数测试，大家可以观察房间内部的光线反弹效果，当该参数为0时，室内最亮。

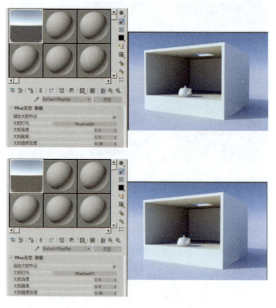

太阳强度倍增：设置太阳的亮度。下图所示为太阳强度倍增参数测试。

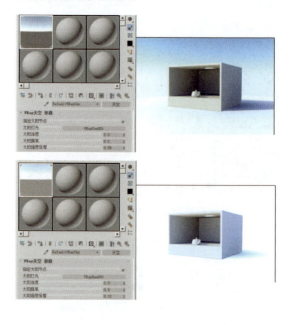